CONTENTS

CG+ DESIGNING

［シージーデザイニング］

vol.1

CONTENTS

— タイアップ —

空間を魅力的に見せる
複合的なデザインスキル

一瞬で 人の目に留まる CGを描く

[Text] 平田順子
[Photo] 五味茂雄

世利尚敬
3DCG デザイナー
株式会社 SILQ DESIGN
https://silqdesign.com/
⬆
東京デザインプレックス研究所
COMMUNICATION DESIGN STUDIO
空間コンテンポラリーデザイン専攻

建築やインテリアに興味を持ちつつも、具体的に何を仕事にしたいのか見つけられずにいた世利尚敬さん。東京デザインプレックス研究所でインテリアデザインや空間デザインなど幅広い学びを得たことで、その答えを見つけました。なぜ、建築パースを描く 3DCG デザイナーという道を選んだのでしょうか。

リアルに描ける！ という3DCGデザインの感動

建築やインテリアに興味を持っていた世利尚敬さんは、短大でインテリアを専攻し、地元福岡の設計事務所へと就職しました。しかし、20歳で初めて東京へ旅行した際に、突如上京を決意します。

「東京は、雑誌で見るような有名建築がそこかしこにあるのが衝撃でした。それで、『ここで暮らしたい！』と思ったんです」

上京すると、設計事務所などに転職をするのではなく、すぐに東京デザインプレックス研究所へ入学します。なぜ、学校へ通うことにしたのでしょうか。

「東京には1人も知り合いがいませんでしたし、行って何をしたいという目標もありませんでした。当時は自分がやりたい仕事が定まっていなかったこともあって、学校で勉強しながらいろいろと考える時間にしたかったのです。1年間という期間がちょうどよかったのと、空間デザインだけでなくグラフィックなども複合的に学べるためやりたいことを見つけるのによいと考え、東京デザインプレックス研究所へ通うことにしました」

同校で世利さんは、商空間デザインやインテリアデザイン、CAD、空間ビジュアライゼーションなどを学べる、空間コンテンポラリーデザイン専攻に在籍。昼は学校、夜はアルバイトの日々を1年間送りました。現在手掛ける、建築パース（建築前の建物の内観や外観のイメージ図）作成の仕事には、どのようにして出会ったのでしょうか。

「CADの授業でVectorworksを学び、初めてCGでの建築パースに触れたところ、すごくリアルに描けるのが楽しかったんです。まだ四角形もまともに作成できない段階ですぐに夢中になり、好きな写真などを参照してたくさんのCGを描きました。また、学校では他の専攻の先生や生徒さんとも交流する機会があり、CAD/3DCG専攻の方の3ds Maxによるポートフォリオを見せてもらったところ、もっとリアルなCGで衝撃を受けて。それが修了間際だったのですが、『CGの仕事に進みたい！』と目指す道が決まりました。修了後はすぐに就職をせず、設計事務所やインテリア事務所でアルバイトをしながら3ds Maxのテクニックを習得しました」

 本記事は東京デザインプレックス研究所とのタイアップ記事です

Naotaka Seri's Works

01 内観パースの作例

高価格帯のマンションを想定し、誰もが高級だと感じる空間になるようインテリアも含めデザインした。ガラス素材はキラキラしてアイキャッチになりやすいため、照明器具やテーブルなどに用いている。カーテンを窓よりも広く、上から下まで長さのあるものを付けているのがこだわりのポイントだという

02 住宅設備 CG の作例

新製品のキッチンを想定して描いたもの。照明、鍋や食器といった小物類も含めて、このキッチンに合ったものをデザイン・コーディネートしている

03 外観パースの作例

マンションの外観を、風景も含め描いている。晴れた空やガラスの反射などもあり、目を惹くビジュアルに。なお、不動産広告では隣地の建物は白いボリュームで表現するのが通例となっている

建物を描くだけでなく家具も空間もデザインする

CGの楽しさに魅せられた世利さんは、東京で建築CGパースなどを制作する会社に就職し、3DCGデザイナーとしてキャリアを重ねました。

「主にマンションなどの不動産の広告CGを描いていました。不動産広告の難しいところは、設計士、外構デザイナー、照明デザイナー、デベロッパー、広告代理店などさまざまな人を満足させるものにしなければならないことです。また、看板や交通広告などで使うので、一瞬で人の目にとまる絵力が求められるため、グラフィックデザイン的な知識も必要になります。実際の建築なので日の当たらないところを日当たりがよいかのように描くといったウソはダメなのですが、ウソのない範囲で誇張して魅力を伝えていきます。例えば、外観パースであれば、すごく空が美しい時間帯を描いたり、雨上がりの風景にしてキラキラとした雨水の反射を描いたりといったことでも目にとまりやすくなります」

内観パースを描く際はさらに、世利さんがそれまで複合的に学んできたデザインスキルが活きてきます。

「建物の壁や床などは実際のサンプルを元に作成していくのですが、そこに置く家具やインテリアは、その不動産のターゲット層が住みたいと思うものを想定してデザインします。通常はプロのコーディネーターがインテリアを考え、3DCGデザイナーは描くだけの場合が多いです。しかし僕は学校でインテリアデザインや空間デザインを設備設計も含めて学んだので、そこを踏まえてデザインすることができます。また、日頃からさまざまな価格帯の家具ブランドをチェックするなど、ターゲット層に合わせてデザインできる知識も蓄積しています」

そうした複合的なスキルを武器に、2024年2月にはSILQ DESIGN（シルクデザイン）として独立・開業しました。

「クオリティの高いCGを描けることと、インテリアなどもデザインできるという強みを武器に、建物の魅力を引き上げるような提案型の広告デザインをやっていきたいです。また、住宅設備メーカーさんの広告やカタログCGも描きたいですね」

CREATORS PiCKUP!

舞台裏

甘狼このみ Amakami Konomi

パパもママも自分自身！ 完全セルフ受肉VTuber

あなたと「すき」を共有したい、あなたと「すき」で繋がりたい。
甘狼このみさんは、キャラクターデザインからLive2Dモデルの作成、
そして配信まで1人で行う完全セルフプロデュースのVTuberです。
そんな甘狼さんがどのように生まれ、
どのように配信を行なっているのか、
その舞台裏に迫りました。

[Text]小平淳一

収益化記念配信
22:04 LIVE
setlist
メイド服のこのを描く!! 色塗り編！
おはよ～！
2946
#このみ50万人耐久
- set list -
500,000

YouTubeチャンネル登録50万人突破!

甘狼このみの誕生秘話とこれからへの思い

2022年12月のデビューからわずか1年。
甘狼このみさんはチャンネル登録50万人を超える人気VTuberに成長しました。
そんな甘狼さんは、何がきっかけでVTuberへの道を目指したのでしょうか。
そしてこれからどのような活動をしていくのでしょうか。
甘狼さんに、これまでの軌跡とこれからの展望を尋ねてみました。

— DATA —

■デビュー	2022/12/23
■キャラクターデザイン	甘狼このみ
■Live2D	甘狼このみ
■所属	ミリプロ
■X(Twitter)	@AmakamiKonomi
■Web-site	https://www.milpr.com/amakamikonomi
■YouTubeチャンネル	https://www.youtube.com/@AmakamiKonomi

— これまでの歩み —

2023年12月23日 ► デビュー
2023年01月09日 ► チャンネル登録者1万人達成
2023年02月28日 ► チャンネル登録者5万人達成
2023年03月26日 ► チャンネル登録者10万人達成
2023年04月01日 ► ミリプロ設立
2023年05月12日 ► チャンネル登録者20万人達成
2023年07月14日 ► チャンネル登録者30万人達成
2023年09月01日 ► チャンネル登録者40万人達成
2023年12月09日 ► チャンネル登録者50万人達成

お絵描き配信からゲームまで幅広く活躍

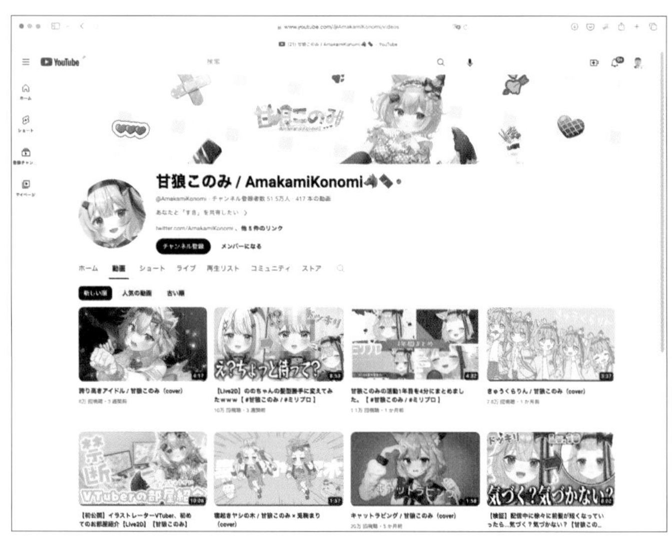

2022年12月、キャラクターデザイン、イラスト、Live2Dモデリング、そして配信まですべて1人でこなす「完全セルフ受肉VTuber」としてデビュー。フリーランスで活動を開始後、2023年4月にはVTuber事務所を設立。チャンネル登録者数も増え続け、2023年5月には20万人、2023年末には50万人を突破しましたた。イラスト配信から雑談、ゲーム実況、歌など、幅広い内容で配信を行い、現在動画本数は400本以上に上ります。

※YouTube動画「【自己紹介】ぐだぐだかみかみ!?VTuber一問一答自己紹介/VTuber Q&A self introduction【VTuber準備中】【甘狼このみ】」より抜粋。完全版は甘狼このみYouTubeチャンネルでチェック!

Q&A

Q ファンネームは？
A このっ子！

Q 出身は？
A 森の中

Q 始めの挨拶は？
A こんがお～

Q 活動場所は？
A YouTube

Q チャームポイントは？
A プルプルの瞳

Q 性別は？
A おんなのこ

Q 得意なことは？
A お絵描き…かな

Q お名前は？
A 甘狼このみ

Q あなたは何系VTuber？
A お絵描き大好き オオカミ人間

Q 誕生日は？
A バレンタイン（2月14日）

Q 好きなことは？
A お絵描き&ゲーム

Q 年齢は？
A 2歳くらい…？（オオカミ年齢）

Q 好きな色は？
A #B7E8E2
（RGB:183,232,226）

Q 身長は？
A 150cm
（耳・ヒール込み）

Q 配信タグは？
A #あまがみらいぶ

Q 呼び方は？
A このみん／このちゃん

こんがお～
甘狼このみ
です！

Q ファンアートのタグは？
A #このみすけっち

Q 好きな食べ物は？
A チョコレート

ショート動画でブレイク

デビュー当時「可愛くてごめん」の曲に合わせてメイクする動画が流行っており、甘狼さんはこの曲をBGMにイラスト中心の自己紹介動画をつくり配信しました。このショート動画が、突然ブレイク。そこからチャンネルの再生数が伸び始めたそうです（「【セルフ受肉】イラストレーターがVTuberを目指した結果…【可愛くてごめん ／ HoneyWorks】【＃新人VTuber】#shorts」）

甘狼このみと言えば やっぱりお絵描き配信

甘狼さんは元々イラストレーターだったこともあり、やはり「お絵描き配信」が配信の中心。視聴者からのリクエストに応えてイラストを描いたり、短時間での速描きや長時間耐久イラストに挑戦したりと、内容はバラエティに富んでいます。雑談をしながら、また時に視聴者からの質問に答えながらもイラストが徐々に出来上がっていく様は一見の価値あり

イラストの実力に不安を抱える中 Live2Dとの出会いが転機に

CG＋DESIGNING（以下、CGD）　最初に、甘狼さんがVTuberになろうとしたきっかけを教えてください。

甘狼このみ　実はいろいろな理由から学校に行けなくなったことがあって、その時の唯一の楽しみがYouTubeだったんです。いろんな配信者さんを見ているうちに、自分も配信者になりたいと、漠然と憧れを抱くようになりました。その後、イラストレーターの仕事をしたいと思うようになりましたが、絵の腕前や知名度に自信がなくて……、そんな時にVTuberを知りました。自分の描いた絵を動かせるのが面白いと感じたし、イラストとLive2Dのモデリングを両方できるようになれば強みになるのでは？と思ったんです。

CGD　VTuberになる以前に、イラストを発表したり、マンガを描いたりしたのでしょうか？

甘狼　細々と（笑）。X（旧Twitter）にイラストをアップしたり、ちょっとした依頼を受けたりしていました。

CGD　そこからLive2Dを覚えて、自

ミリプロ設立でさらなる飛躍

最初はすべて1人で活動していた甘狼さん。デビューしてから2、3カ月の頃はほぼ毎日配信を行なっていました。そして約4カ月後、配信者としての活動をさらに本格的に行いたいという思いから、VTuber事務所「ミリプロ」の設立を発表。設立メンバー兼0期生兼クリエイターとなりました

苦手だけど歌もがんばる

甘狼さんは、子どもの頃から「自分は音痴」と思っていたそうですが、配信では勇気を出して歌を披露しています。流行りのポップスもありますが、なぜか童謡を歌うことも……

ら配信を始めて、今ではチャンネル登録者が50万人を超えるほどになりました。ブレイクスルーのきっかけはいつ、どのようなものだったのでしょうか？

甘狼　デビューから少し経ってからショート動画を投稿し始め、そのうちの1本の動画が300万回再生されました。「イラストレーターがVTuberを目指した結果」という動画なんです。

CGD　これはスマホで撮影した動画ですね。縦画面で、イラストを描く手元やPCの画面を撮ったりしていて……。

甘狼　その動画を作った時、「可愛くてごめん」っていう曲が流行っていました。その曲を使ってメイクの工程を紹介する動画がたくさん投稿されていたんですけど、似たようなものをやりたい！　と思って、私はVTuberの変身過程を表現した動画を作りました。それが突然人気を集めたんです。

CGD　デビューしたばかりの頃の作品とは思えないほどのクオリティですね。

甘狼　えへへ、ありがとうございます！今まで見た動画の中で面白いと思った点を参考にしながら、動画を作りました。いろいろなYouTube動画を見てきた経験が役立ったのかもしれませんね。

朝活＆雑談で交流

朝活の日は、朝の7～8時半ごろに配信をスタート。リスナー1人1人に「おはよう」の挨拶を伝えています。雑談の日は、ゆっくりコメントに返答、リスナーさん達との交流も楽しんでいます

ハイクオリティな映像で魅せる「歌ってみた」動画

「歌ってみた」動画では、本格的なミュージックビデオを披露。自作イラストのほか、ほかの絵師の方にイラストを描いてもらった作品もあります。また、音楽編集や動画編集などにも複数の職人の力が加わり、丁寧に作り込まれたアニメーション映像に仕上がっています

CGD　この動画の再生回数が突然増えて、それに合わせてチャンネル登録数も増えていったのでしょうか。

甘狼　その動画を投稿する前は数百人くらいでしたが、投稿してからすぐ3、4万人くらいになりました。そこから1、2カ月でチャンネル登録者数が急激に増えていって、「ミリプロ」という事務所を設立し、さらに本格的に活動を行うようになりました。

CGD　配信内容についてですが、最初からお絵描き系VTuberを目指していたのですか？

甘狼　いえいえ！最初は普通にゲームや歌などを配信していました。自分のイラストにあまり自信がなかったので……。ですが、ショート動画でイラストを投稿したら反応が良く、みんな喜んでくれると気づきました。

CGD　リスナーの反応を見ながら、徐々に配信の方向性を固めていったのですね。

イラストは独学
客観的な意見が本当に大切

CGD　イラストの学び方についても教えてください。

同じ事務所のVTuberとコラボ配信も楽しい

ミリプロには現在、甘狼さんを含めて3名のVTuberが所属しています。同じ事務所のVTuberと一緒のコラボ企画も配信されていて、お互いの仲のよさが伝わってきます

#ののこの初コラボ
いっぱいしてほしい！
楽しい！楽しい
絵の次は歌か
みんな上手
楽しかったー
楽しかった！
たしかに！みんなでお絵描き楽しい
今度お絵かきの森やってほしい！

#このみ50万人耐久
もう少し
2/
2！
4
2！
- set list -
いぬのおまわりさん
うさぎとかめ
HEIWAの鐘
げんこつやまのたぬきさん
あわてんぼうのサンタクロース
赤鼻のトナカイ
ジングルベル
雪
にんげんっていいな
旅立ちの日に
いちねんせいになったら
500,000
チャンネル登録者数

感動の50万人突破

2023年12月には、チャンネル登録50万人をめざす耐久配信を敢行。歌を歌ったり雑談をしながら突破の瞬間を待ちました。そして配信開始から4時間、ついに登録数が50万人を突破。目標を達成し甘狼さんは思わず号泣してしまいました。たくさんの視聴者の声援に包まれた温かな配信でした

甘狼　イラストは独学です。小さい頃は、インターネットで「○○の書き方講座」といったWebサイトを見ながら学んだり、大学受験の時にデッサンを学んだりしました。

CGD　美術系の大学に進学したのですか？

甘狼　はい、イラスト系をやりたくて美術系の大学に進みましたが、大学ではアーティスティックな側面が強かったんですよね。

CGD　甘狼さんのイラストは魅力的ですよね。可愛い女の子を描けるというのは、特別な才能ではないかと思うことがあります。

甘狼　私はもともと可愛い女の子を描くのが得意ではないと思っていました。だから、自分で描いた絵があまり可愛くないと感じたときは、誰かに意見を聞いて、輪郭や目の配置を調整していくことがあります。

CGD　人の意見を取り入れて調整することも大切なのですね。

甘狼　はい、客観的な意見は非常に大事だと思います！　指摘された部分を直していくと、自分でも可愛くなっていくことが多いですよ。

髪型も衣装も一瞬で早変わり

甘狼このみ 7変化

デフォルト

毛先にゆるやかなウェーブがかかったミディアムボブとケープ姿。これが甘狼さんの基本スタイルと言えるでしょう。配信もこの姿で登場することが一番多いと思います。

ケープなし

ブラウンのケープは着脱可能。配信の途中で脱ぐこともしばしば。胸のフリルやハート付きの襟がキュートな印象です。

うちまき

髪型もいくつかのバリエーションがあります。これは髪の毛のウェーブがない内巻きボブ。配信で見ることはかなりレアです。

1枚1枚のイラストを描くたびに情報収集をしながら表現を吸収

CGD イラストの色の塗り方について、特に意識していることはありますか？

甘狼 うーん、難しいですね……。基本的にはその場その場で色を選んでいますが、キャラクターだけのイラストでは印象がブレないように使う色を固定しています。

CGD 例えば、髪の毛の光や服の皺の描き方、影の付け方などは、どのように学んできたのですか？

甘狼 独学なのでまとめてどこかで勉強したということはありません。イラストを1枚1枚描くごとに必要な情報を調べたり、ほかの方のイラストや写真を参考にしながら描いてきた感じです。

CGD 何か写真を参考にしながら描くこともあるのですね。

甘狼 はい。自分で写真を撮ってみたり、ティッシュペーパーで服のシワを作ってみたりして勉強しています。

CGD 影響を受けたイラストレーターさんはいますか？

甘狼 好きなイラストレーターさんがいて、デザインセンスや世界観も好きなん

ツインテ
少し幼さを感じさせるツインテール姿。しかしこちらも配信ではかなりレアです。
ロング
頭の動きに合わせてサラサラと揺れるロングヘア。朝活配信で見かけることが多いかも……。
おだんご
頭の両側にお団子が乗ったヘアスタイル。ゲーム配信などでたまに見かけます。
フード
フードについているハート型と×印の目がキュートです。よく見ると片方の牙に何かついているような……。血ではなくチョコレート?
もふまる
甘狼このみのマスコット「もふまる」。よく胸の前に抱いて配信していますがが、たまに頭の上に乗ってくることもあります。

ですが、特に色のトーンとかは影響を受けています。

イラストのお供は12.9インチのiPad Pro

CGD　Live2Dや配信ツールの習得も独学だったのですか？

甘狼　はい、最初は完全に独学でした。配信の初日は音割れがひどかったんですよ（笑）。

CGD　配信時の動きのキャプチャはどのようにしていますか？

甘狼　ソフトは「VTube Studio」を使って、iPhoneのカメラで撮影しています。iPhoneのカメラのほうがWebカメラよりも表現力が高いんです。

CGD　ほかの作業環境についても教えてください。絵を描くのに使っているのはiPadですか？

甘狼　はい。12.9インチのiPad Proと、Apple純正のApple Pencilを使って描いています。iPadで描いたイラストをPCに送って、Live2Dに読み込ませたりしています。実はPCにつなぐ液晶のペンタブレットも持っているのですが、机が小さくて作業スペースを取るのが難しくて……。

コロコロと変わる表情に釘付け!

甘狼このみ 百面相

喜

甘狼さんは非常によく笑います。口癖は「えへへ」。口癖を封印して何時間しゃべれるかというチャレンジ企画では、わずか3分ほどで「えへへ」が飛び出して終了してしまいました。

怒

配信の中で甘狼さんが怒る場面はほとんどありません。目の周りが暗くなった表情はいわゆる「圧強め」の表情ですが、恐怖を感じた時の表情でもあります。ホラーゲームをしている時は終始この表情になりがち。

CGD　広い机が欲しくなりますね。ところで、イラストを描くのもLive2Dの制作も、そして配信も、すべてご自宅の机で行なっているのですか?

甘狼　はい。机の前に一日中座っています(笑)。

CGD　それは……あまりご無理をなさらないでくださいね。あと、iPadで使っているイラストアプリについても聞かせてください。

甘狼　基本は「クリスタ(CLIP STUDIO PAINT)」というアプリを使っています。ほかに、「アイビスペイント」というアプリを使うこともあります。ノイズなど画像加工の機能が使いやすいので、加工だけアイビスペイントで処理することもあります。

CGD　それは一枚絵のイラストを描くときでしょうか?

甘狼　そうですね。一枚絵のときです。Live2D用のイラストを描くときは、やはりクリスタですね。

恩返しの気持ちを持ちながら幅広く活動していきたい

CGD　甘狼さんの今後の目標を聞かせてください。

哀

よく笑い、よく泣くのが甘狼さんの魅力。50万人突破の歓喜の涙は、甘狼さん本人にもリスナーにも忘れられないものだったはず。溢れ出る涙の動きも必見です。

楽しい時は頭がゆらゆら、アホ毛もゆらゆら。目をぱちくりさせると耳もピクピク動きます。目や口元だけでなく、体のあちこちのパーツで感情を表現するのが甘狼さんの魅力です。

甘狼　うーん、どう言おっかな……。リスナーさんたちへの恩返しをしながら、幅広く活動していきたいです。VTuberとしてだけでなく、イラストレーターとしても。

CGD　その多様性が甘狼さんの魅力ですね。VTuber、動画クリエイター、イラストレーターとしての活動……、それぞれが甘狼さんの成長につながっていくのだと思います。

甘狼　えへへ、ありがとうございます!

CGD　リスナーさんへの恩返しという言葉がありましたが、甘狼さんが元気で活動していること自体が最大のお返しになると思います。スナーの誰かにとっては、甘狼さんがつらい時期を乗り越えるための力になっているかもしれませんね。

甘狼　はい!リスナーさんたちからもそう言ってもらえることがあります。私自身もほかの配信者さんから元気をもらった経験があるので、そのような存在になれたらうれしいですっ。

CGD　甘狼さんはすでにそんな存在になっていますよ。甘狼さんを見て、新たなVTuber候補生たちも出てくるかもしれませんね。

TECHNIQUE

クリエイター＆配信者 甘狼このみ 仕事術

Let's START!!!!!

ここからは、VTuber甘狼このみさんの
仕事の舞台裏に迫っていきましょう。
甘狼このみというキャラクターを
生み出した舞台裏、
キャラクターに息吹を与える
Live2Dの設定のコツ、
そして配信時の
ノウハウなどに関しても
掘り下げていきます。

禁断の舞台裏
紹介
しちゃいます!!

甘狼このみができるまで

1 キャラクター制作

甘狼さんは以前からiPadでイラストを描いています。今のキャラクターも、iPadから生み出されたのです。何段階かの試行錯誤を経て、現在のデザインに定着。デビュー後も、新しい髪型やパーツ、表情の追加など、細かな部分でバージョンアップを続けています。使うアプリは「CLIP STUDIO PAINT」がメイン。完成したVTuber用のイラストはPCに送ります。

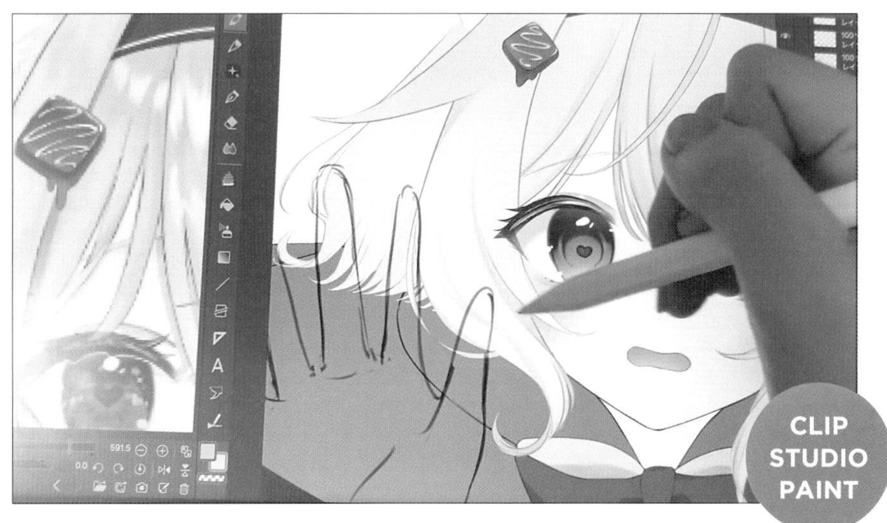

2 モーション設定

キャラクターイラストに動きをつけるのがLive2D Cubismというソフトです。パーツごとに回転させたり、メッシュと呼ばれる要素を設定して変形させることができます。このソフトを使うことで、平面のイラストをまるで立体のように動かせるというわけです。甘狼さんは、Live2Dでの動きの設定もすべて自分で行なっています。

3 ライブ配信

カメラでキャプチャした動きに合わせてLive2Dのキャラクターを動かすには「VTube Studio」というソフトを活用します。キャプチャによる動作のほか、特定のアクションをキー操作に割り当てることでもさまざまなアクションを行うことができます。ただし、リアルタイムでキャラクターを思いどおりに動かすには、経験と知識が必要です。

どんな道具を使っているの？
甘狼このみの制作環境をチェック

甘狼さんのデスク周りを紹介。イラスト作成からLive2Dの作業、配信まで、ほぼすべてがこのデスクで行われているそう。数々のライブ配信はここからオンエアされているのです。

作業環境

白を基調としたデスク周り。すっきりと整理整頓されている。ディスプレイは2台。デュアルディスプレイ環境で運用しています

iPad

イラストを描くのは12.1インチの「iPad Pro」。ProでないiPadを使っていた時は動作が重くなることもあったそうですが、iPad Proにしてからは快適

Apple Pencil

描画に使っているのは「Apple Pencil」。使用するアプリによって異なりますが、ハードウェアとしては8192段階の筆圧感知、ペンの傾き検知にも対応しています

テンキーボード

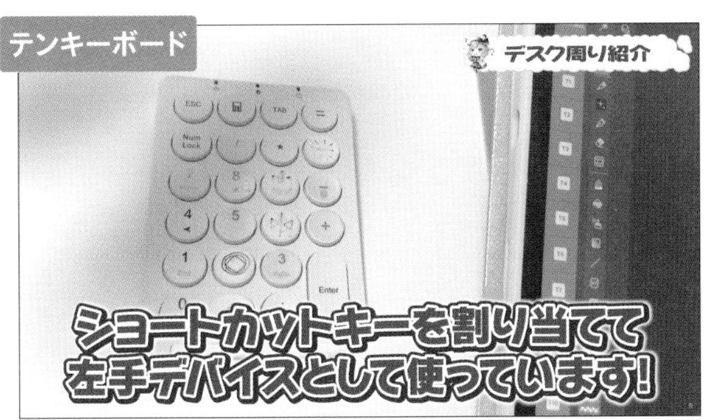

iClever製のBluetooth接続テンキーボード。iPad上でイラスト作成ソフト「CLIP STUDIO PAINT」を使う際、テンキーにキーボードショートカットを割り当てて「左手デバイス」として活用できます

キーボード

デスク周り紹介
さっきキーボードが
使えなくなっちゃって

ロジクールのゲーミングキーボード「G715」。外周やキー底面にライトが埋め込まれていて、使用中にカラフルで柔らかな光が広がります

STREAM DECK
あまり使いこなせてないんですけど

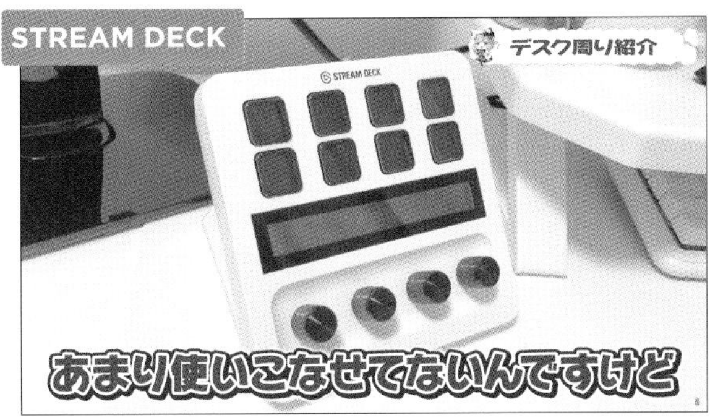

多くの配信者が御用達のショートカットデバイス、「STREAM DECK」(Elgato製)。PCにつないでさまざまなアプリをワンタッチで起動したり、配信ソフトの「OBS」でシーン切り替えを行ったりするのに使えます

マイク

マイクはノイマン(NEUMANN)製の「TLM102」。音響スタジオなどで使用されるプロフェッショナル仕様のマイクです

オーディオインターフェイス

無駄に上げ下げしがちっていう…w

ヤマハ製のオーディオインターフェイス「AG03」。TLM102のようなコンデンサマイクの接続も可能。本体左側にある大型のスライダでマイク音量を直感的にコントロールできるのがポイントです

Nintendo Switch

デスク周り紹介
逆に良かったなって思ってます!

ホワイトのNintendo Switch。ゲーム配信で使っています。購入タイミングが遅かったため、有機ELモデルを入手。画面がキレイで満足しているそう

ぬいぐるみ

甘狼さんはポケモンのぬいぐるみを集めるのが趣味。この中から選んで毎日一緒に寝るのだとか

この3倍の

甘狼このみのデザインが今の形に決まるまで

**甘狼このみのキャラクターデザインが今の形に落ち着くまでには、
いくつかの紆余曲折があったそうです。
ここでは秘蔵のキャラクターデザイン資料をお見せしましょう。**

確定前のアイデア

キャラクターデザインの初期案。オオカミやフードといった要素は今と同じですが、色はグレーがメインで、今よりスタイリッシュで落ち着いた印象を受けます

さらにその前に考えていたキャラクター。元々オンライン麻雀が好きだったので、中華風の衣装を着たキャラクターも考えていたそうです

ロゴマークとシンボル

ロゴマークも自らデザイン。イメージカラーやオオカミのモチーフ、イラストを象徴する鉛筆など、甘狼さんをイメージさせる要素が盛り込まれています。

甘狼このみ三面図

オオカミ＝赤ずきんという発想で、赤ずきん風のフードをまとったデザインに。フードの中の服装はドイツの民族衣装「ディアンドル」の形を取り入れています。キャラクターカラーは紆余曲折があったものの、最終的にはミントグリーンとブラウンの組み合わせでまとまりました。

フードの目(×)ボタン

フードの目(♡)ワッペン

↗かぶる

チョコミントより普通のチョコが好きです

仕事術　その③

配信で披露するワザをチラ見せ！甘狼このみとイラスト

甘狼さんはこれまで幾度となくお絵描き配信を行なっています。雑談をしながら絵がどんどん描き上がっていく様子は圧巻。ここではそんな甘狼さんが配信で見せた技法の数々をお見せしましょう。

緻密な瞳の書き込み

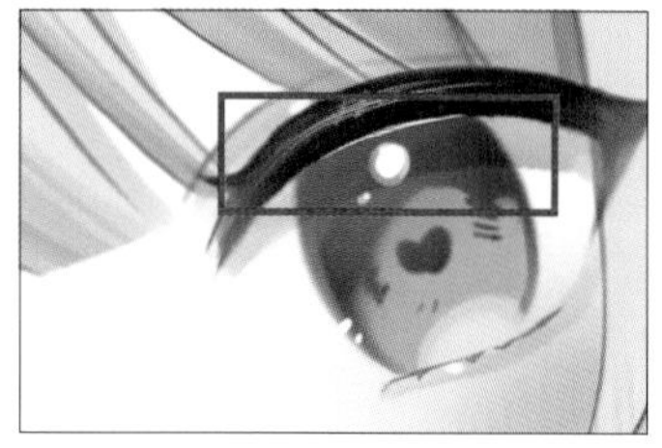

1 まつ毛の下に白いラインを描き足すのが甘狼さんの好み。まつ毛の立体感が強調されます。

2 このイラストは、青空の屋外というシチュエーション。瞳の上側に青みを追加して、空の青さが映っているような演出に。

3 さらに瞳の上部に大きなハイライトを追加。より艶やかで立体感のある瞳になりました。

4 瞳の下側にもうっすらとハイライトを追加。いろいろな光が入り込み、瞳の情報量がぐっと増えました。

細かなディテールと立体感の表現

1 肌の塗りが終わり、ここから服の彩色へ移ります。

2 最初にバケツ塗りで、パーツを塗りつぶします。服の色は白ですが、ベタ塗り時点ではいったん目立つ色をつけます。こうすることで塗り残しを見つけやすくなります。

3 塗りつぶしが終わった後は全体を薄いグレーで塗り、影の部分に調子をつけていきます。白い服の表現では、やや青みがかった色で影をつけていくのが甘狼さんの好み。

4 フリルが落とす影を描き込んでさらに立体感を表現。フリル部分とその下の生地とでレイヤーを分けたため、影をつけやすくなっています。

5 ほかの服の部分も彩色を続け、徐々に完成へと近づきました。

レイヤーを分けて髪の毛を彩色

1 この作品では、前髪と後ろ側の髪を別レイヤーで分けています。まずは前髪側の彩色を進めます。

2 後ろ側の髪は、最初にベタ塗りをして範囲を決めます。塗り残しを見分けやすいよう、いったん強い色でベタ塗りをしました。

3 前髪と後ろ髪にそれぞれ暗いトーンを足し、髪の立体感を演出していきます。

4 さらにインナーカラーのグリーンを追加。淡いタッチながらも複雑な立体感のある髪に仕上がりました。

線画のブラッシュアップ

1 甘狼さんは、下書きを活かしながら線画をブラッシュアップしていきます。これが元の下書き状態。

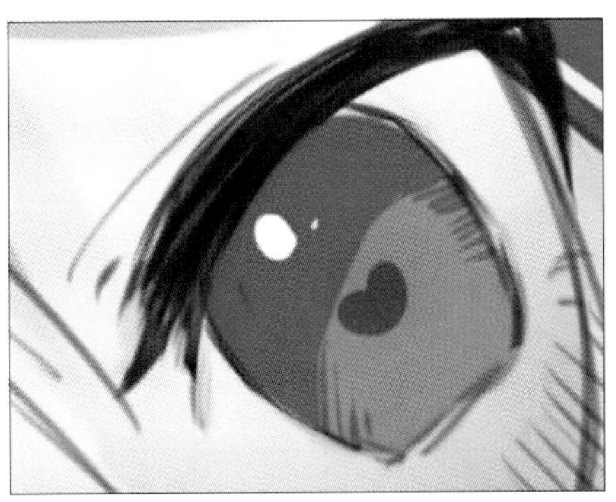

2 下書きの線を部分的に削ったり、書き足しながら線画のディテールを追求していきます。

3 同じように反対側の目、目の下の斜線なども引き直していきました。

4 ブラッシュアップした線画。下書きの表情の微妙なニュアンスを活かしつつも、繊細な線に仕上がりました。

多彩な表情を生み出す Live2Dモデリングのコツ

Live2Dは、イラストに動きと立体感を与え、命を宿すことができるツールです。どれだけ細かな動きを設定するかによってキャラクターの魅力が変わってきます。甘狼さんのLive2D設定のこだわりをチェックしていきましょう。

瞳のプルプル感

瞳の中のハイライトが、まるでゼリーのようにゆらゆらと揺れるようになっています。これはハイライトがそれぞれパーツ分けされて、動きが設定されているから。まばたきや瞳の移動といった動きをトリガーにしてハイライトが揺れ動きます。

複数のパーツが連動して動く

耳はまばたきに連動して動くよう設定されています。単なる上下の動きだけでなくリアルな動きでフサフサと揺れるのは、物理演算が仕込まれれいるためでしょうか。さらに頭頂部の「アホ毛」も、耳の動きに連動してわずかに揺れるように設定されています。

物理演算による自然な揺れ

物理演算とは、髪の毛や服の揺れをリアルに表現できるLive2D Cubismの機能。揺れやすさや反応速度、揺れが収まるまでの収束の速さなどを自由に設定できます。甘狼さんのキャラクターは頭の左側に大きなリボンをつけているのが特徴ですが、このリボンも物理演算によってダイナミックに揺れるよう設定されています。

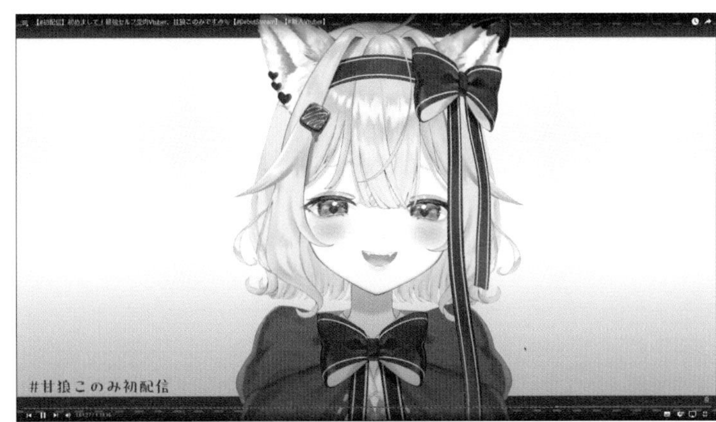

顔の向きに合わせて体が動く

顔の向きは配信中にカメラで動きを読み取って変わりますが、その顔の動きに連動して上半身もわずかに向きが変わります。また、その際、上半身の動きに若干弾むような動きを加え、キャラクターの可愛らしさを引き出しています。

トークも操作も一人でこなすライブ配信のこだわり

Live2Dで設定したモデルの動きを配信中にどのように制御するかを決めるのが「VTube Studio」というツール。カメラと連動してフェイストラッキングをしたり、表情の切り替えなどのアクションをキーボードに設定することができます。ここにも甘狼さんのこだわりがいくつも詰め込まれています。

iPhoneを使って動きをキャプチャ

VTube StudioはPCについているWebカメラからでもフェイストラッキングができますが、iPhoneを接続することでより高い精度でトラッキングできるようになります。甘狼さんはiPhoneをディスプレイ周りに固定してフェイストラッキングに利用しています。iPhoneを使うには、iPhone版のVTube Studioアプリをインストールし、PC版VTube Studioと接続します。なお、利用には有料のPro版ライセンスが必要です（無料版は5分で接続が切断）。

PC側

iPhone側

アクションをキーに割り当て

Vtube Studioでは、さまざまなアクションをキーに割り当てることができます。甘狼さんのキャラクターも、表情や服装の変更、もふまるを膝の上にを乗せるかどうかなどをキーに割り当てて使っています。

OBS Studioを使ったライブ配信の仕組み

OBS Studioとは、画面に複数の要素を追加して組み合わせて表示・配信するためのソフト。ゲーム配信では、ゲーム機から取り込んだ映像をOBSに受け渡して表示させます。また、画面にテロップなどを入れたり、YouTubeなどのコメントを読み込ませて表示させることもできます。

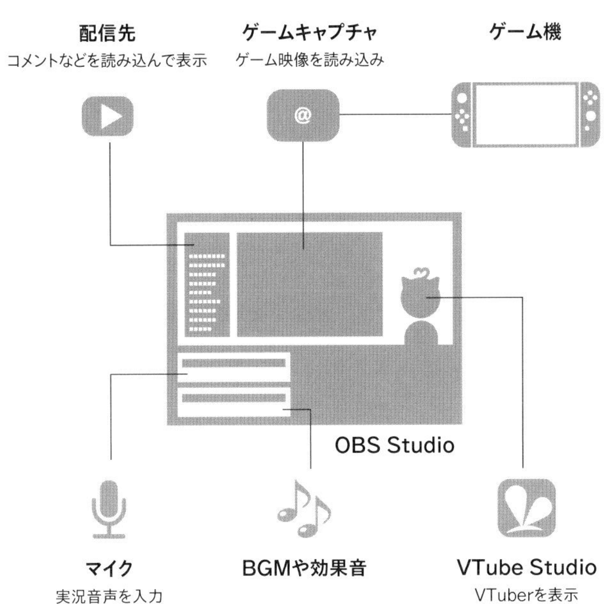

ライブ配信用の背景パーツの作り込み

配信用の背景パーツも入念に作り込まれています。全体のカラートーンやデザインをキャラクターと合わせ、世界観の統一が図られているのがわかります。

「龍が如くスタジオ」開発チーム直伝

3DCGの技術が求められる仕事のうち、
映画と並んで花形とも呼べるものの一つに
ビデオゲーム用のCG制作がある。
ゲーム機やゲーミングPCの性能が上がるにつれ、
4K解像度＋HDR色彩の
「実写と見間違える」レベルの3DCGが、
ゲームに使われるようになっている。

本記事では株式会社セガの
大ヒットタイトル『龍が如く』シリーズの
開発スタッフの協力を得て、
使用しているツールやプラグイン、
制作手順はもちろん、
取材に至るまでの制作ノウハウを
明かして頂いた。

［Text］岩井浩之

『龍が如

く』のつくり方

Photoreal+α＝LIKE A DRAGON 3DCG

「フォトリアルの、さらに先」を目指す『龍が如く』3DCG

世界的にヒットしているゲームの3DCGは、アニメーション作品のような「創作作品」テイストの人物を採用しているタイトルが多い。『龍が如く』シリーズでは、フォトリアルな世界はもちろんだが、さらに先のリアルを演出するため、顔造形や肌質にも独特なコダワリを持って進化をさせている。

『龍が如く』に登場する人物の3DCGは、一見すると実写映像のようにも見える。しかし、よく見ると、本シリーズ「らしい」顔テイストに仕上がっていることがわかる。

『龍が如く8』キャラクター制作チーフ・本谷雄　『龍が如く』は作品ごとに「どのようなビジュアルでキャラを表現するべきか」を検討します。前作『龍が如く7外伝 名を消した男』ではコントラストが強いビジュアルの世界観でリアルに映えるキャラの見た目に調整したり、最新作『龍が如く8』では、時間経過などキャラの設定背景により説得力を持たせられるように、肌質や髪型の調整に力を入れました。どちらが正解ということではなく、あくまで作品によってベストなビジュアルは何か?を考えた結果だと思っています。下に載せた写真は、特別に『龍が如く8』イベントシーンに『龍が如く7 光と闇の行方』時のキャラで差し替え、キャラクター表現の差の違いを確認できるものになります。

主人公の一人である桐生一馬の、前作からの時間経過の表現。
❶ 髪型：アップスタイル→ダウンスタイル
❷ 髪色：黒→白髪混じり
❸ 肌の質感の説得力向上

Mayaプラグインを使った体毛表現

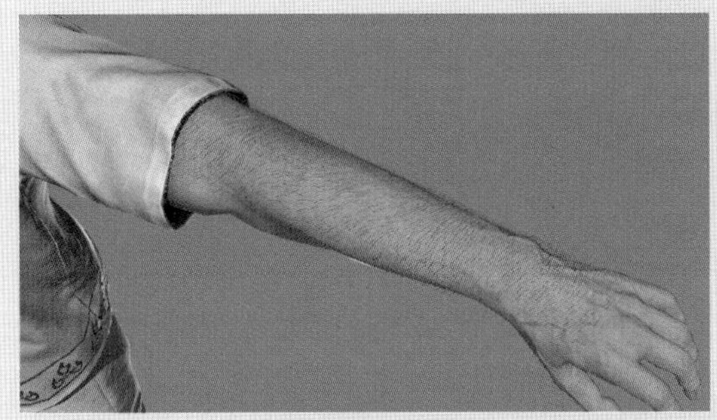

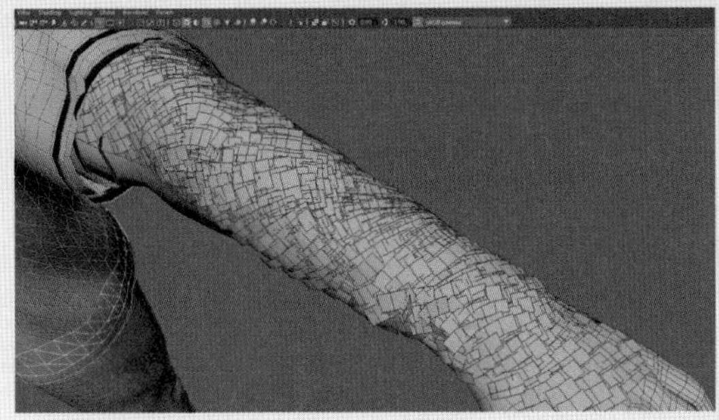

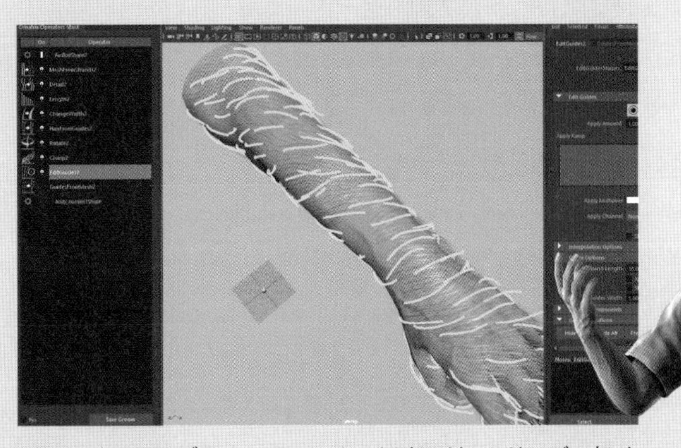

新キャラのブライス・フェアチャイルドでは、シリーズで初めて「腕毛」を表現。毛の表現は膨大なポリゴン数が必要となるほか、手作業で植毛するのは現実的ではない。本作では、Maya用のプラグイン「Ornatrix」を使い、毛の流れや量を調整している。

向田紗栄子「肌質」表現

❶ 肌の質感は『龍が如く7』の時はツルツルした印象だったが、『龍が如く8』では化粧をしている女性の肌をリアルにするため、テクスチャにどこまでディティールを追加すればより自然に見え、尚且つ美しさも保てられるかを検討して調整
❷ 光が肌を通過して赤みが出る透過率を上げることで肌の柔らかさを向上

Clothing design and textures

形状だけでなく、素材も感じさせる 服飾デザイン&テクスチャ表現

3DCGを制作するにあたり、はじめに衣装デザインや着こなし方からイメージを固める。
その後にモデリング作業を進めていくが、服の質感表現に欠かせない
テクスチャ用の画像を制作するのも、3DCGのクオリティアップには欠かせない要素だ。
こちらも、「実在」する布質感を再現するだけではなく、
その一歩先を目指すのが『龍が如く』クオリティだ。

『龍が如く8』全ジョブ 衣装一覧

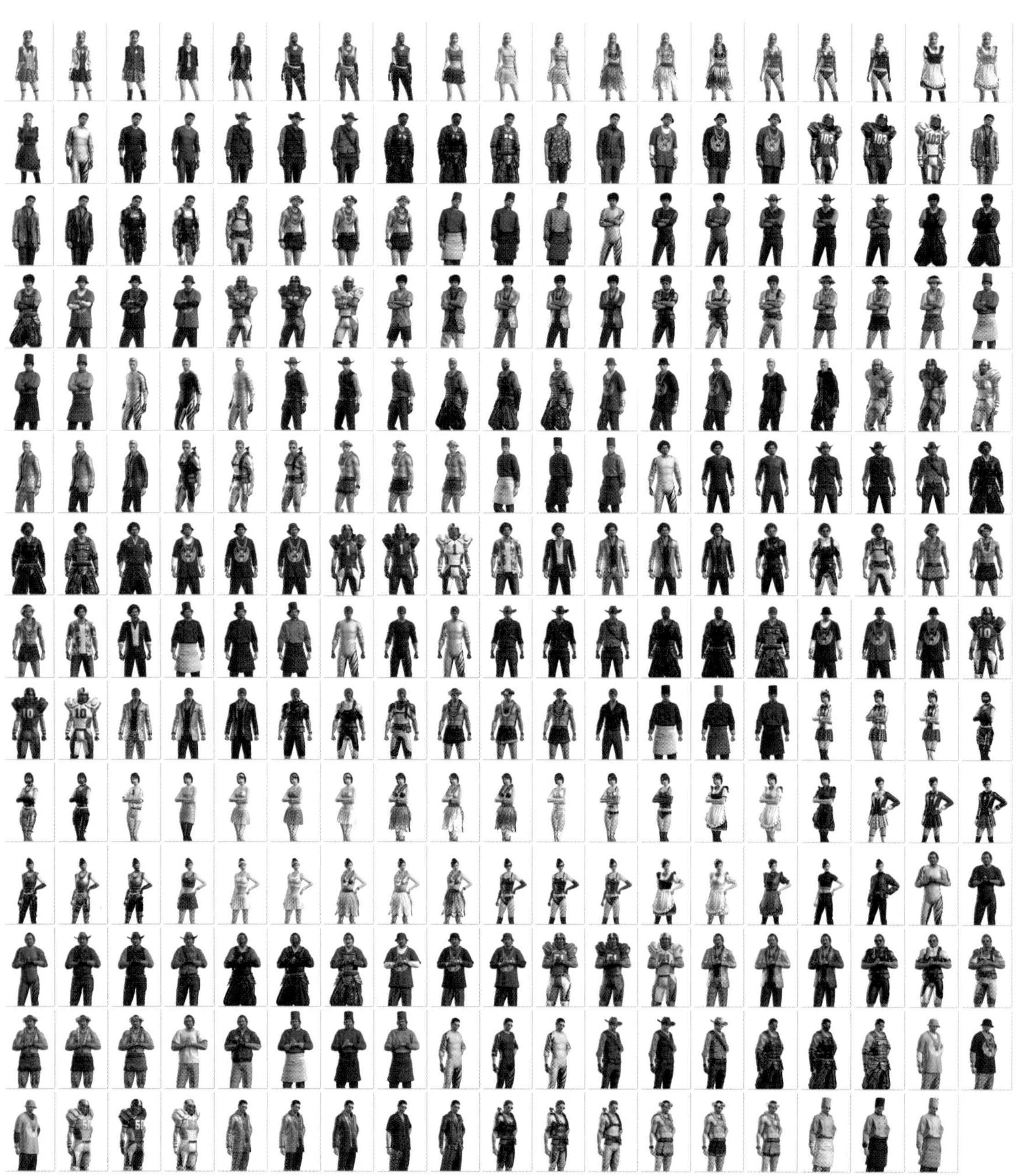

左に並んでいる265着の衣装は、すべて『龍が如く8』で着用可能だ。しかも、数が多いにも関わらず、どの衣装も拡大してみると生地の素材がわかるようなハイクオリティなテクスチャが適用されている。

『龍が如く8』キャラチーフ・本谷雄　最新作では舞台がハワイということもあり、日本とは異なる衣装が多く登場します。ハワイでは夏服がメインとなりますし、その街の雰囲気をいかにリアルに感じられるものを表現できるかが大切になります。例えば「このキャラにはアロハシャツを着させたい」となった際に、その服のルールや着こなし方を学習理解する必要があります。そして、柄や色や質感は何が合うか？どのようなサイズ感が合うか？などをキャラのイメージに合わせて検討し作成していきます。

「仕立ての良い」スーツを求めて

龍シリーズのキャラクターでは、スーツを着用しているキャラクターが多く登場する。スーツはちょっとした丈の違いや生地の差などによって見た目の印象や品質の高さが大きく変わってしまうため、制作は苦労したそうだ。

『龍が如く7外伝　名を消した男』キャラクター制作チーフ・臼杵亮祐　『龍が如く7外伝』に登場するエージェントはみんなスーツを着ています。でもスーツって丈が1cm変わったり、肩パットの厚みが違うだけでガラッと印象が変わって見えるんです。そういう知識であったり、どういった生地を使うと高級感が出るのかという勉強をしつつ、アパレルショップ等に赴き実物を確認してきました。

ネクタイの幅や柄に至るまで、ちょっとした差で見え方が変わる

監修前

監修返答

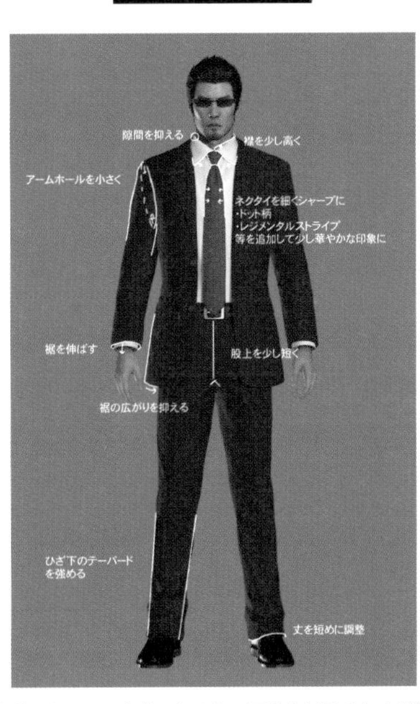

反映後

『龍が如く7外伝』では、過去作で制作したスーツ衣装である左の画像をMB氏に衣装監修してもらい、エージェントが着ているスーツとして適切なフィードバックを反映したものが右の画像となった　https://twitter.com/MBKnowerMag

生地柄を「合わせる」こだわり

新キャラのエリック・トミザワが着ているアロハシャツでは、胸ポケットの柄合わせやボタン素材などのアロハシャツの基本を抑えて作成。着用するキャラクターの設定に合わせ、同じアロハシャツの中でも柄や質感などの差を付けている。

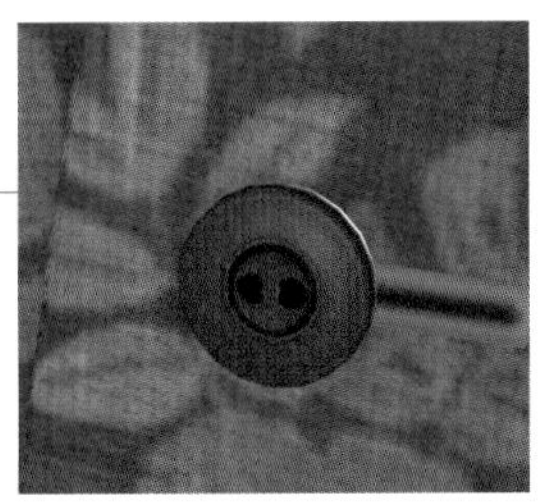

ボタンに使っているのは竹素材。ボタン1つにもこだわりが感じられる。

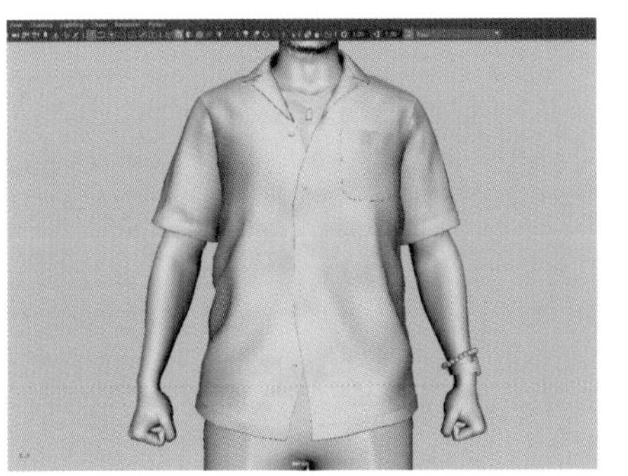

▶

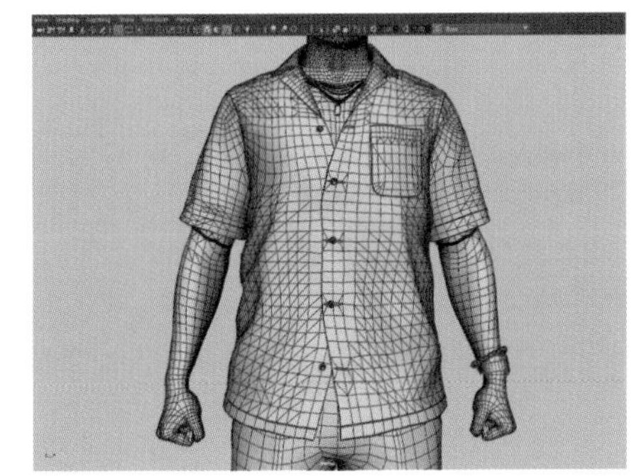

▶

Mayaで制作したシェーディング（左）、ワイヤー（中央）、テクスチャ適用後（右）のプレビュー

Modering for NPC

日本とハワイ。
それぞれのNPC作りで注意したこと

『龍が如く』シリーズには、主要キャラクター以外にも非常に多くのNPCが登場する。そのすべてを手作りしていたのでは膨大な時間がかかるため、「龍が如くスタジオ」では、クオリティを維持した制作の効率化を図っている。

NPCの作成で重要なことは、リアルな街を再現するために必要な要素は何かを理解すること。街中にいる人の服装、年齢、職業、人種など、膨大なバリエーション数が求められる。過去の『龍が如く』シリーズでは、東京や横浜、大阪など日本国内が舞台となっていたため、「日本人の平均的な顔」の把握をしながら、以下のような「顔」データの作成システムを構築している。

❶ スキャンスタジオで撮影

セガ社内にある3Dスキャンスタジオでは、右のように複数のカメラ機材を設置。さまざまな角度から一度に撮影された膨大な写真をAgisoft MetaShapeへ読み込ませる。すると高精度な3Dオブジェクトを生成してくれるという流れ。ベースモデルのラッピングまではバッチでほぼ自動的に行えるようになっている。

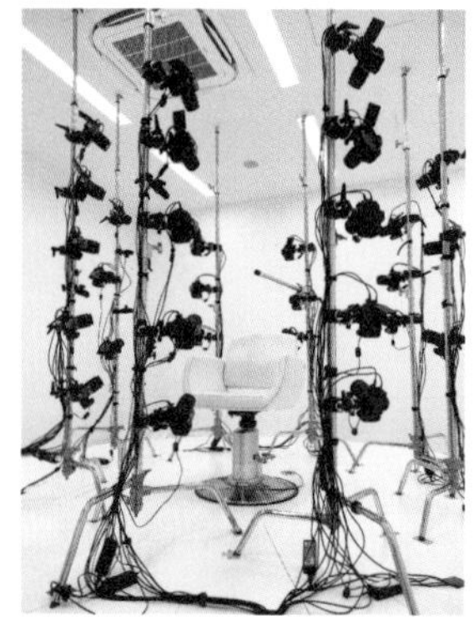

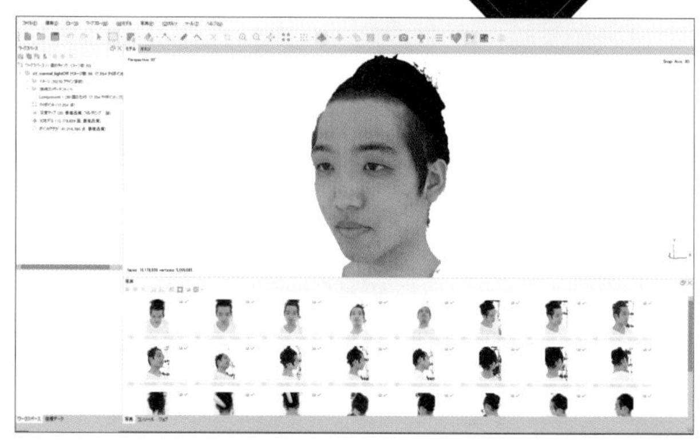

❷ データ化

MetaShapeで生成されたモデルに、Pythonでスクリプトを組んだWrapXでゲームメッシュをラッピング。その後Mayaを使って目や口、睫毛、髪の毛などのパーツを付けていく。キャラクター設定に合わせて、目つきを悪くするなどの調整もこの段階で行う。

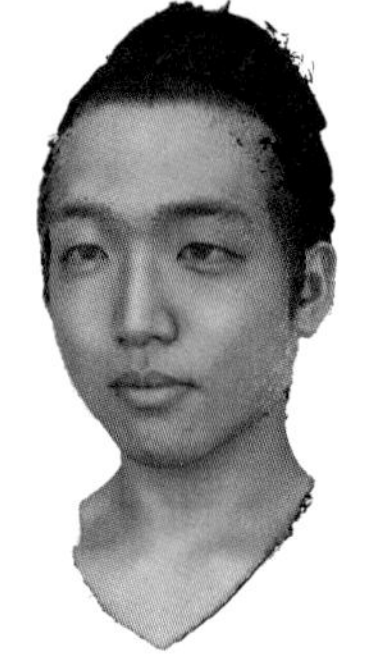

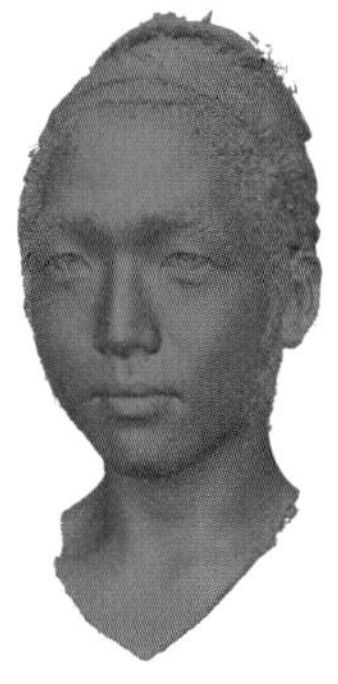

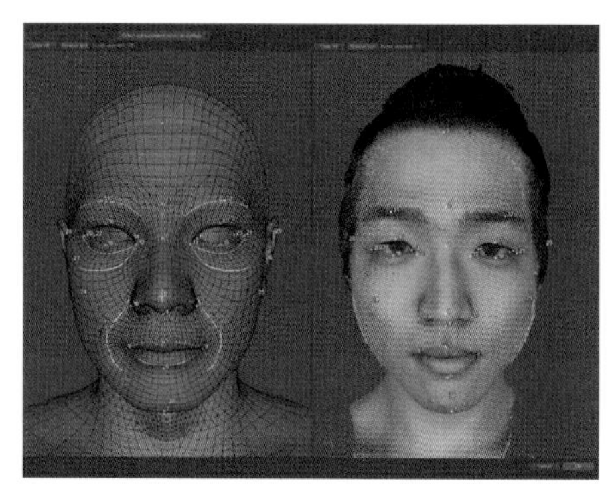

❸ ゲーム画面へ反映

こうして作られた「日本人NPC」の顔は、右のような形でゲーム画面へ登場する。キャラ作成時のリファレンスとしてストックされている3Dスキャンデータのデータベースは社員の協力を得ながら現時点で数百人にものぼり、ゲームのリアリティに大きな貢献をしている。

ゲーム中に登場してくる、この日本人。見たことある人いますか?

［3Dスキャンデータのライブラリ］

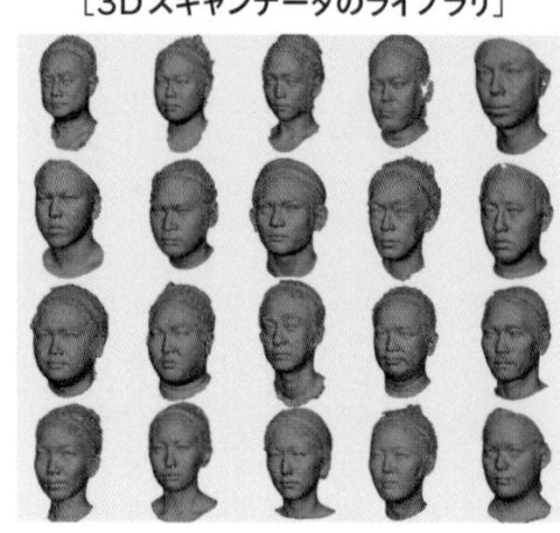

ハワイモブ作成時の注意点

左のページで作ったNPCは、あくまで日本人。『龍が如く8』では舞台がハワイなことから、「外国人の顔」の特徴を意識。人種の違いは頭蓋骨の形状にも現れることを意識し、頭頂部が大きく、側面からみた際に後ろへ大きくなるよう調整。身長の高い外国人は相対的に顔を小さく作成している。顔のディティールについても眉骨を大きく、目の掘りの深さを調整するなどしたそう。

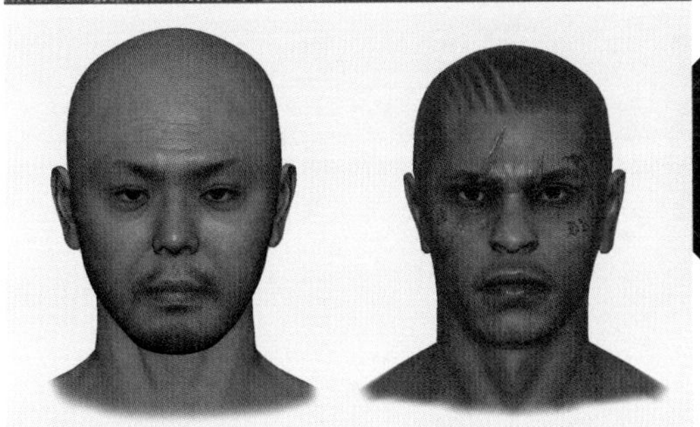

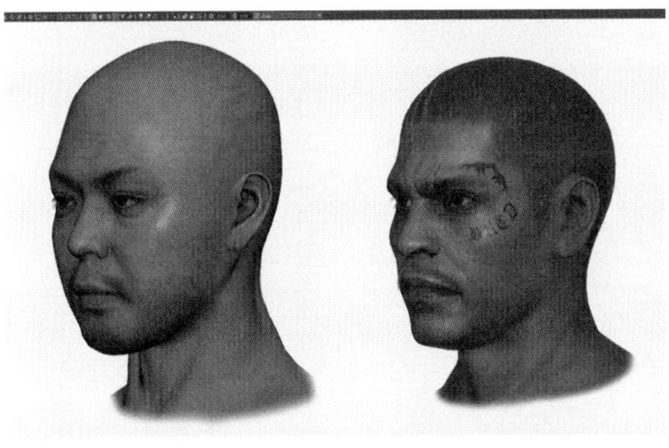

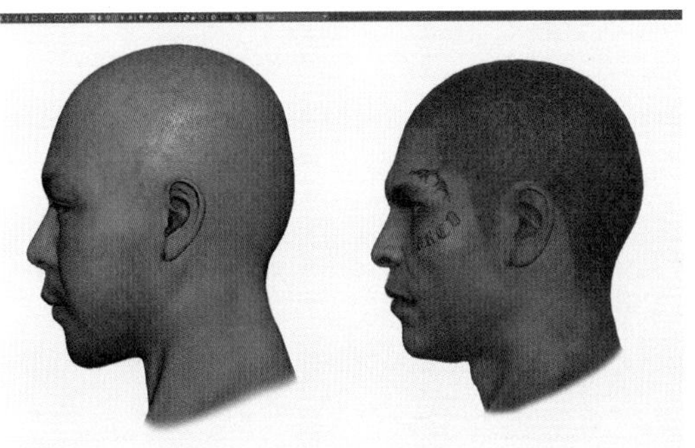

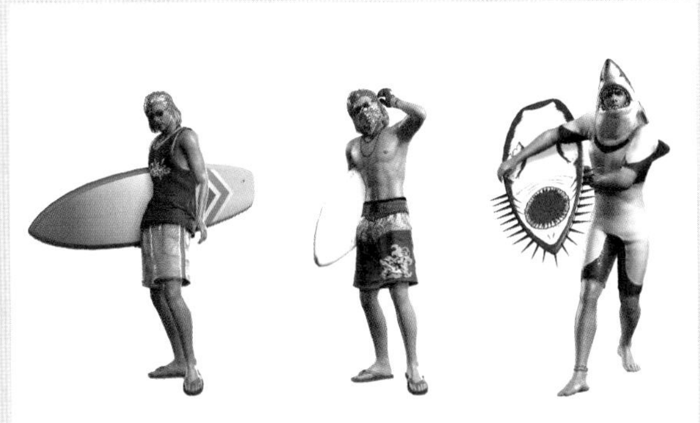

「ハワイ感」のあるスジモン

『龍が如く8』では、ハワイの街中でNPCと戦闘状態になると、主人公の妄想の中でスジモン(そのスジの者)へと外見が変化する。戦闘シーンに登場するキャラクターにも、外国人キャラクターが多数登場する。特徴的な衣装に目を引かれがちではあるが、彼らも前述したような「人種の違い」を意識して作られている。

How to Build Hawaii City

光と影で演出する異国の地「ハワイ」を感じさせるステージ作り

3DCGで制作されるオブジェクトは、人物だけではない。ステージについてもリアリティを求められるため、時代設定に合わせた「リアルのさらに先」が求められる。そして最新作『龍が如く8』の時代設定は2023年だ。

『龍が如く』シリーズにおいて、ステージの制作は以前からリアリティ重視で作られてきた。このため『龍が如く8』でも、過去作と同じ舞台となる日本は出てくるものの、新たな舞台となるハワイでは話が変わる。

「龍が如くスタジオ」映像監督、デザインパート責任者・深川大輔　建物が「ハワイっぽい」のは当然として、そのほかにも湿度が低くて空気がカラっとしているとか、太陽の入射角が高くて日差しが強いという雰囲気を出すライティングを意識しました。

順光

神室町

ハワイ

逆行

神室町

ハワイ

夕陽

横浜

ハワイ

ハワイの取材ポイント5選

『龍が如く』シリーズでは舞台となる街を開発スタッフが訪れ、たくさんの写真を撮影するなどの取材を行っている。最新作の舞台となるハワイでは、それこそヤシの木の高さから太陽光の入射角、日差しの強さなど、「現在のハワイ」をゲーム内に再現するための取材が行われた。

サイズの測定

消火栓の高さやマンホールの蓋、そしてヤシの木の高さなど、日本にはないオブジェクトはレーザー計測機やメジャーなどで採寸した。

照度の測定

カメラマンが使うデジタル照度計をハワイへ持ち込み、日差しや屋内照明の照度を正確に測定している。

正しい色の測定

海岸にある砂の色や街中に咲いている花などの色測定には、グレーカードと一緒に撮影して正規化を行った。

パノラマカメラで撮影

パノラマカメラによる360度撮影も行い、ハワイ現地で見えた「風景」を、ゲーム内でも再現するように心がけた。

ウォールアート

街中に描かれたウォールアートを取材(写真左)し、ゲーム内で再現(中央)した。ゲーム内で使うアートは、スタジオ内メンバーから作品を広く募り新規に作成(写真右)。

Creating unique motions

モーション（動き）で表現するキャラクターの個性

3DCGで作られた人物モデルは、「動かす」ことで生命を吹き込まれる。リアルなキャラ表現を実現するためには、優れたモデルに説得力ある動きが求められる。

人物の動作モーションは、キャラクターの性格付けによっても変化する。

「龍が如くスタジオ」チーフアニメーションディレクター・反町孝之　桐生一馬であればスマートな走り方。春日一番であればバタバタした走り方。そして足立宏一であれば上下動の大きい走り方など、モーションキャプチャーで収録したデータをもとに調整していきます。また、ビールを飲むモーションは飲み込む動きに合わせて喉の形状を変化させています。

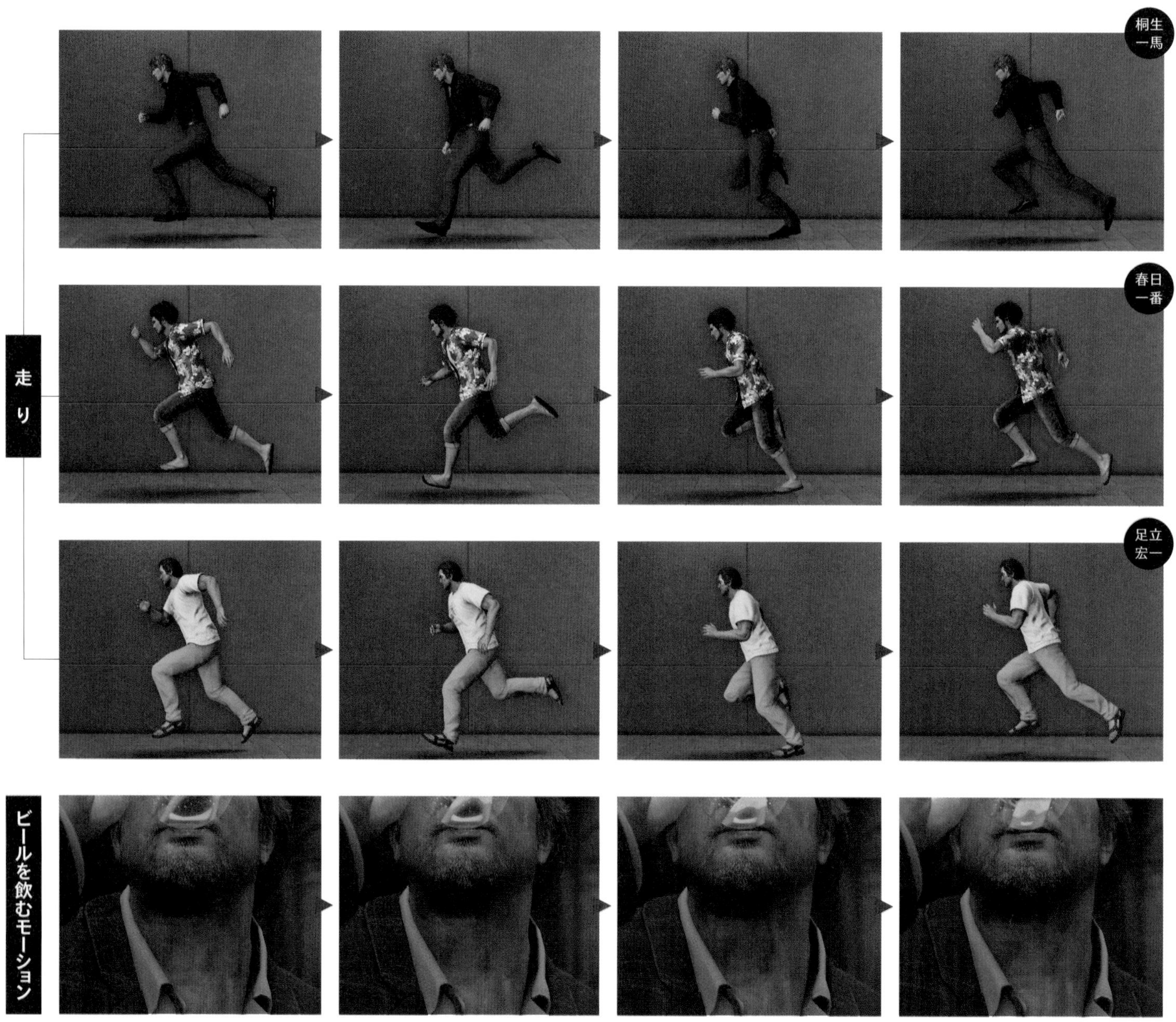

START

プロの
ダンサーによる
モーション
キャプチャー

ゲーム内に登場する「社交ダンスの極み」は、この極技モーションを収録するためだけにプロの社交ダンサーへ依頼。「踊りながら移動し、5m先にいる敵を吹き飛ばすようなアクションを入れて下さい」などのイレギュラーな指示をしながらも、完成度の高い社交ダンスのモーションを収録できたという。ゲーム画面を見て「このモーションはプロダンサーの動きですね?」と気付いた人が何人もいたほど、キレのあるダンスがゲーム内に収録されている。

Finish!!

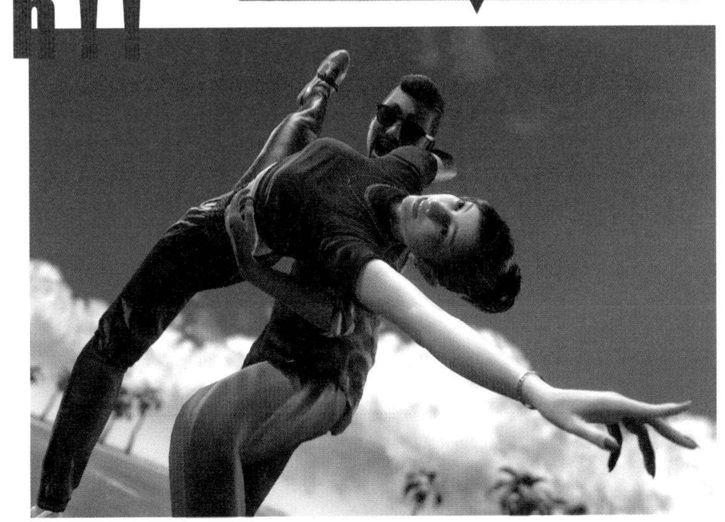

How to Create Clothing Textures

Substance 3D Designerで作る向田紗栄子の服テクスチャ

衣装に貼り付けるテクスチャ画像の作成には、Substance 3D Designerを活用しているという。ここでは、ツールを使ってどのように生地や糸を作っているかを説明しよう。

最新作にも登場する向田紗栄子はキャバクラの経営者であることから、着ている服も高級なもの。そんな彼女の服のテクスチャを、Substance 3D Designerを使って作る過程を7段階に分けて解説していこう。下記1枚目の画像を見ると、生地自体に使われている糸（青枠画像）と、ほつれた糸（緑枠画像）、さらに柄として縫い込まれている糸（赤枠画像）があり、これらを合成して生地を作っている。

3Dモデル

形状のみ

色のみ

生地は3つのグループで構成 ▶

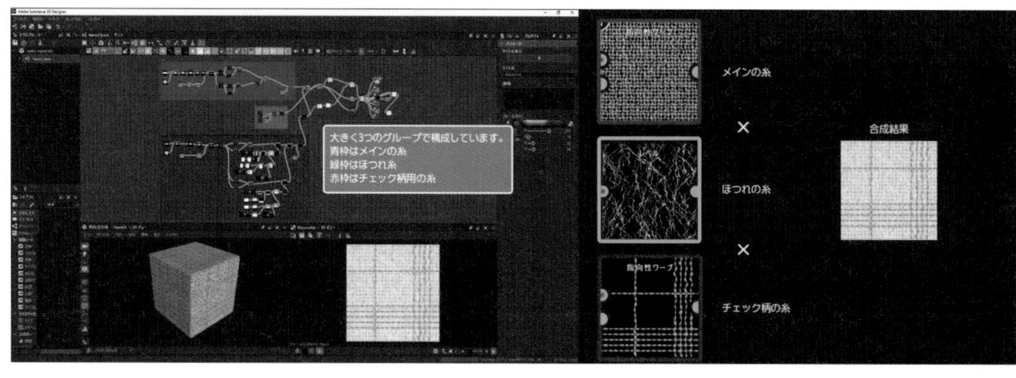

玉から糸を作る ▶

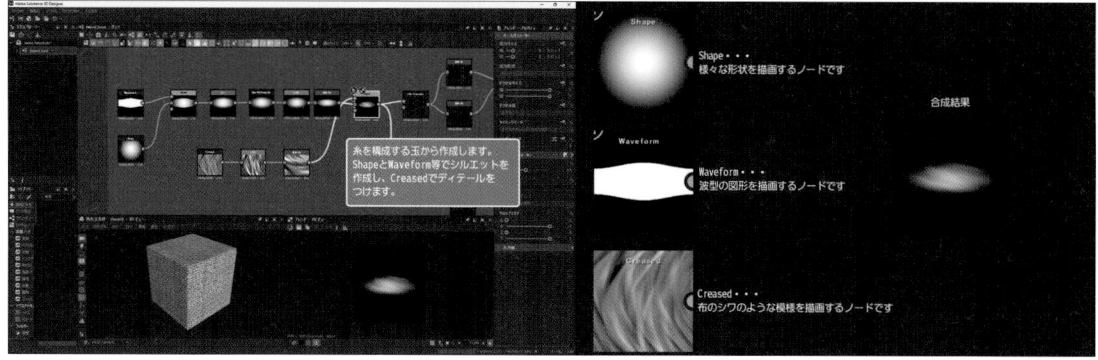

Adobe Substance 3D Designerとは

Substance 3D製品群にはModelerやPainterなど5つのアプリケーションがあるが、『龍が如く8』衣装のテクスチャ作成には主にSubstance 3D PainterとSubstance3D Designerが使用されている。

● Adobe Substance 3D
https://www.adobe.com/jp/creativecloud/3d-ar.html

玉の糸をタイリングして糸を作成 ▶

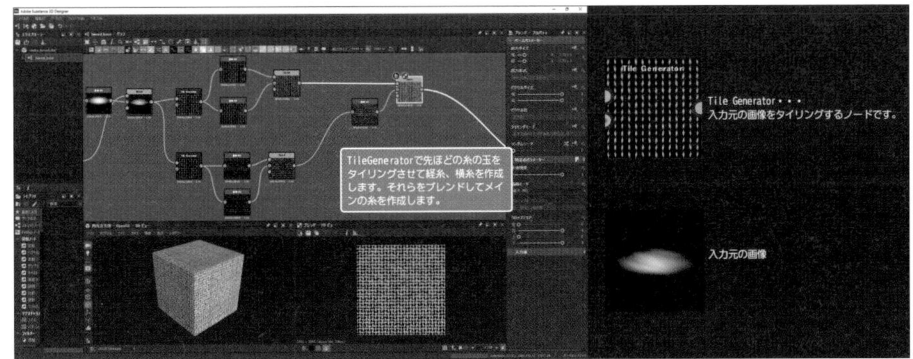

TileGeneratorで先ほどの糸の玉をタイリングさせて経糸、横糸を作成します。それらをブレンドしてメインの糸を作成します。
Tile Generator
Tile Generator・・・
入力元の画像をタイリングするノードです。
入力元の画像

糸の太さにバラつきを作る ▶

最後に指向性ワープを使用し、糸に歪みを与えて糸の太さにランダム感をだします。
指向性ワープ・・・
マスクを参照して画像に方向性のある歪みを与えるノードです
元の画像
ほつれ糸はTileSamplerを使用してパラメータを調整し、指向性ワープで糸の歪みを作成します。
歪み強度を調整するマスク画像
Tile Sampler・・・

チェック柄用の糸を作る ▶

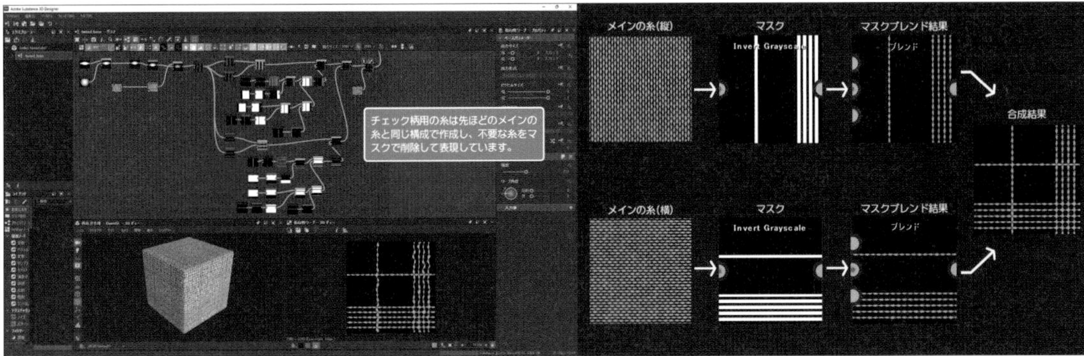

チェック柄用の糸は先ほどのメインの糸と同じ構成で作成し、不要な糸をマスクで削除して表現しています。

マスクブレンド結果

マスクブレンド結果

ほつれ糸を作る ▶

ブレンドで組み合わせて完成 ▶

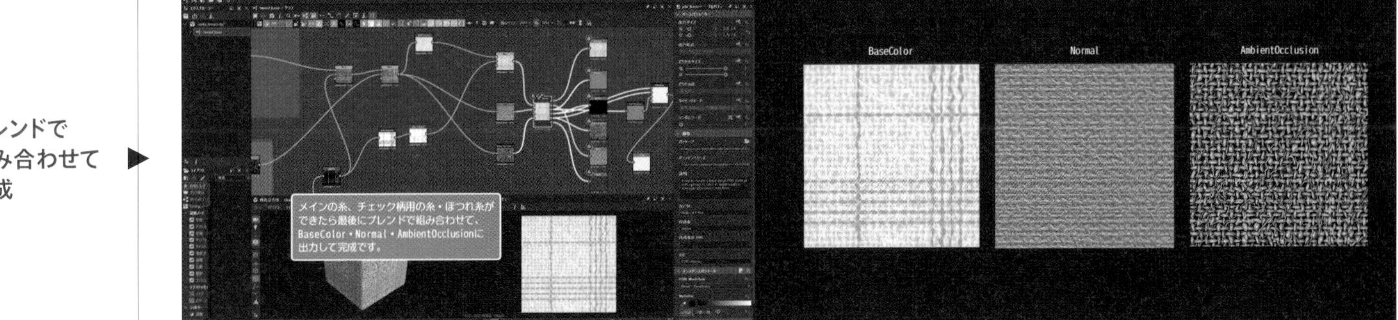

メインの糸、チェック柄用の糸・ほつれ糸ができたら最後にブレンドで組み合わせて、BaseColor・Normal・AmbientOcclusionに出力して完成です。
BaseColor
Normal
AmbientOcclusion

The creators we seek

「龍が如くスタジオ」が求めるクリエイター像とは?

最後に、本特集で『龍が如く8』制作ノウハウを明かして下さった、開発メンバーたちの紹介をさせていただく。全員に共通していたものは、「もっといいもの」を作り上げようとする熱意と探究心、そして遊び心だ。

本誌を読んでいる、CG系の技術を学んでいる人々の中には、『龍が如く』開発チームへの就職を検討している人もいるだろう。そこで『龍が如く8』開発チームの中でも、グラフィック系を担当している彼らに、ご自身のキャリア、そして「一緒に働きたい新人」に求める要件を聞いてみた。本記事を読んでゲーム本編にも興味を持たれた方は、本ページ右下に記した『龍が如く8』製品情報もチェックしてほしい。

『龍が如く8』キャラクター制作チーフ

本谷雄

僕は学生時代、イラストを書いていて、大学ではイラストレーションを専攻していました。エンターテインメント業界に憧れてセガへ入社したんですけど、そこから3DCGを始めて20年が経ちました。3DCG未経験の方でも、やる気さえあれば大丈夫です。

『龍が如く7外伝 名を消した男』キャラクター制作チーフ

臼杵亮祐

僕はもともとアニメーション作品のCGを作る仕事をしていたんですが、中途採用でセガに転職してきました。セガ入社後はフォトリアルなCGを作ることになったんですが、最初はとっつきづらい印象でした。フォトリアルな3DCGを学ぼうとすると、解剖学も学んだほうがいいことに気付いたんです。今の時代ですとネット上に色んな解剖図や3DCGのチュートリアルが無料で見られる状態になっているので、片っ端からそれらを見て学び、どうにかフォトリアルな3DCG造形に慣れていきました。

「龍が如くスタジオ」映像監督、
デザインパート責任者

深川大輔

よく新卒面接の最後に「何か質問ありますか?」と聞くと「入社までの間に何したらいいですか」と聞かれます。基本的には経験を増やしてほしいと思っていて。旅行へ行くでもいいし、ゲームを遊んでももちろんいい。映画やドラマを観てもいいし、すべての経験は全部活きてくるんです。私は中途入社ですし、経済学部出身です。新卒時は損害保険会社で営業をやっていたんですが、デジタルハリウッドで3DCGを学び、プロダクションを経てセガへ入社しました。デザインに関する勉強は一切せずにセガに入社して10年になりますが、最初に入社した会社での社会人経験が役立っています。私のように別業界からゲーム業界を目指すことはできます。努力次第、やる気次第だと思います。そんな熱意がある人と一緒に働きたいです。

「龍が如くスタジオ」
チーフアニメーションディレクター

反町孝之

3DCGのツールを使った経験がなく不安という人もいますが、ソフトはあくまで道具です。習得スピードは人によりますが必ず覚えることはできます。これはモーションデザインだけに限った話ではないんですが、物事をよく観察し考察できる人になって下さいとお話しています。たとえば「歩く」という動きを作る時に、自然に「歩く」モーションを作る方が多いです。でも、「このキャラはどんな歩き方をするんだろう」と考えたときに、そのキャラクターの性格や状況などを考慮した歩き方が見えてくるはずなんです。そういう考え方でデザインできる人は入社後も活躍できると思います。

●商品名	龍が如く8
●対応機種	PlayStation®5、PlayStation®4、Xbox Series X¦S、Xbox One、Windows/PC(Steam)
●発売日	発売中(1月26日発売)
●ジャンル	ドラマティックRPG
●プレイ人数	1人
●発売・販売	株式会社セガ
●CERO	D区分(17歳以上対象)
●出演	堤真一、安田顕、成田凌、井口理、中井貴一、長谷川博己 ほか

Live2Dメイキング
実践講座

イラストの作成とLive2Dでのモデリングのコツ

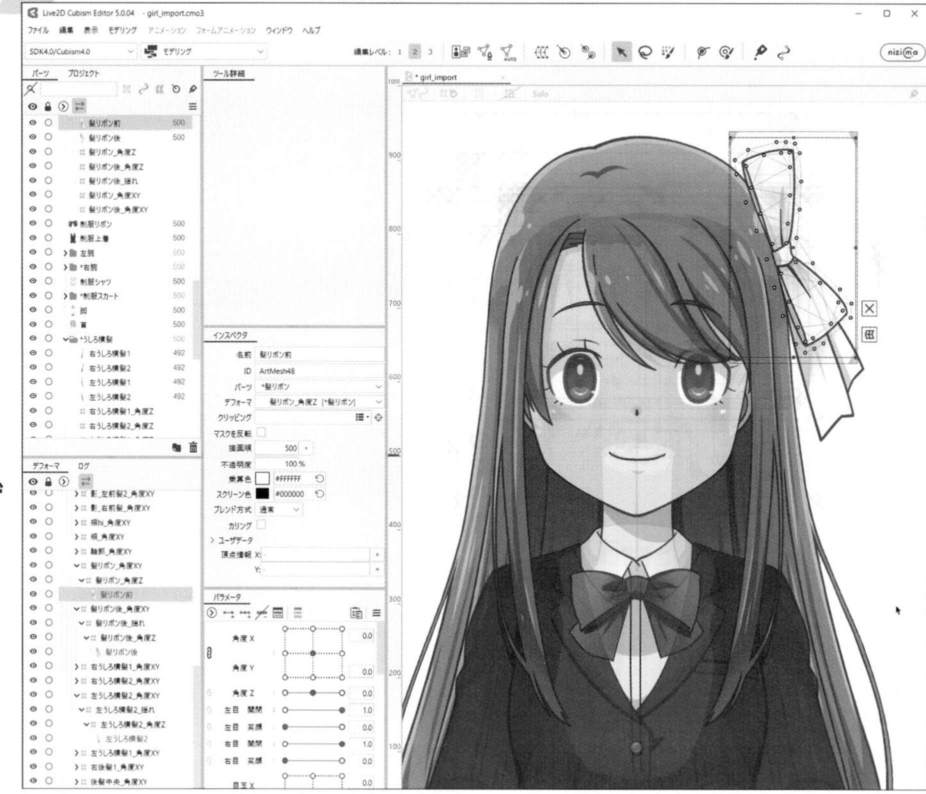

Live2Dのモデルをつくってみたいと思っても、何から手をつけたらいいかわからず踏み出せない人もいるでしょう。ここではそんなLive2Dの入門者に向けて、モデルづくりのコツをコンパクトに解説します。

[Text] 小平淳一

【ソフト名】
Live2D Cubism

- ■ **価格**　FREE版は無料／PRO版はサブスクリプション
- ■ **備考**　ダウンロード後42日間は全機能が試用可能

【講師】
さらえみ

フリーランスのイラストレーター。Live2Dデザイナー。アニメーターやCGデザイナーを経てイラストレーターとして独立。現在は海外クライアントからのVTuberモデルの依頼が多数。
→さらえみ先生のインタビューは54ページに掲載。

STEP1 Live2D用イラストデータの整理

Live2D Cubismに読み込ませるイラストは、パーツごとにレイヤー分けされたPSD形式のファイルが必要です。PSD形式とは、Adobe Photoshopのファイル形式ですが、必ずしもPhotoshopでイラストを描く必要はありません。イラスト作成ソフトの多くがPSD形式の保存を可能にしているので、使い慣れたもので描くと良いでしょう。さらえみ先生は、「CLIP STUDIO PAINT」でキャラクターを描いています。

キャラクターを描く際は、後で動かすことを意識して、隠れてしまう部分も描いておく必要があります。例えば、瞳は瞼で隠れてしまう部分まで描いておかないと、瞳を動かした時に切れてしまいます。また、レイヤー分けも重要なポイントです。後で動かすことを意識してパーツを分ける必要があります。個別に動かしたいパーツは、レイヤーを分けておくとLive2D Cubism上での作業が楽になります。いったん絵を描き上げてから後でパーツ分けを行う方法もありますが、描いている時点で動かすことを意識して、見えない部分を書き足したり、レイヤー分けを細かくしておくよう心がけましょう。

・動きのある要素をパーツ分けする・

❶ Live2D用に描いたキャラクター。パーツごとにレイヤーを細かく分けています。

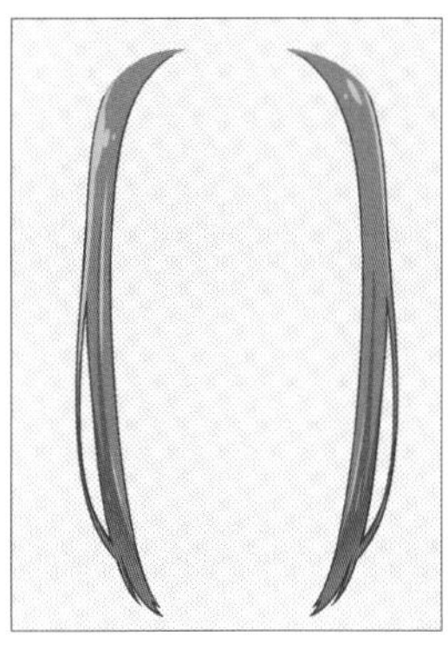

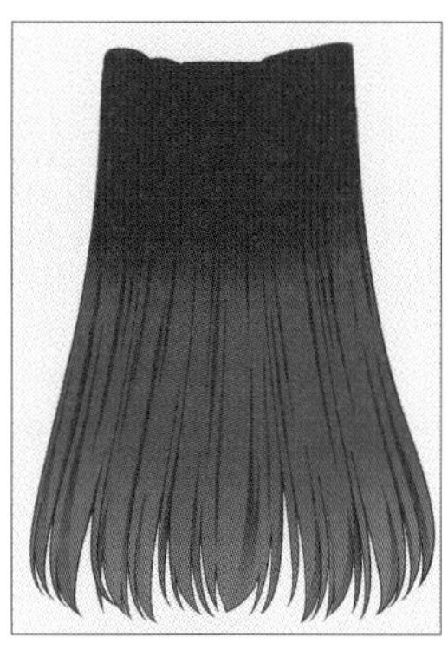

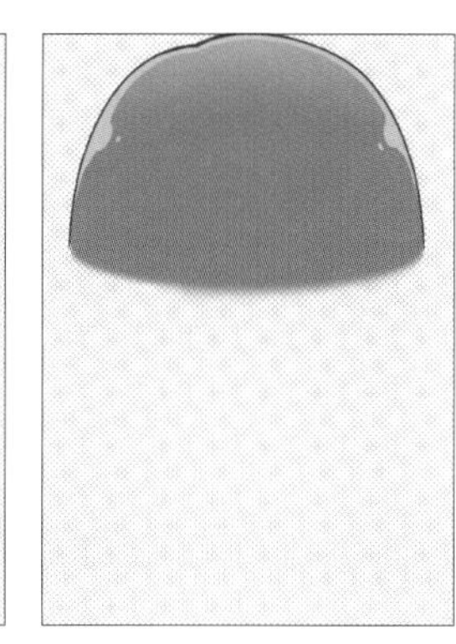

2

例えば髪の毛は、サイドの髪、前髪、頭頂部、後ろ側の髪などとレイヤー分けを行っています。パーツを分けることで、Live2D上で個別の動きを設定できるようになります。

3

目も同様に複数のレイヤーに分けています。さらえみ先生の場合、まつ毛は1本ずつレイヤーを分けています。Live2D Cubismでまばたきの設定を行う際、個別のレイヤーにしていたほうが動かしやすいです

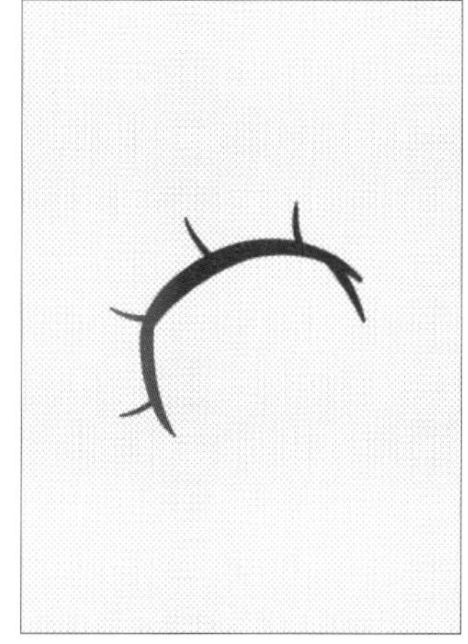

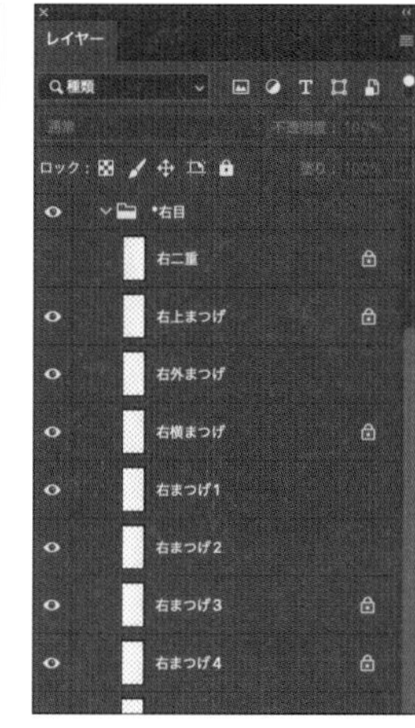

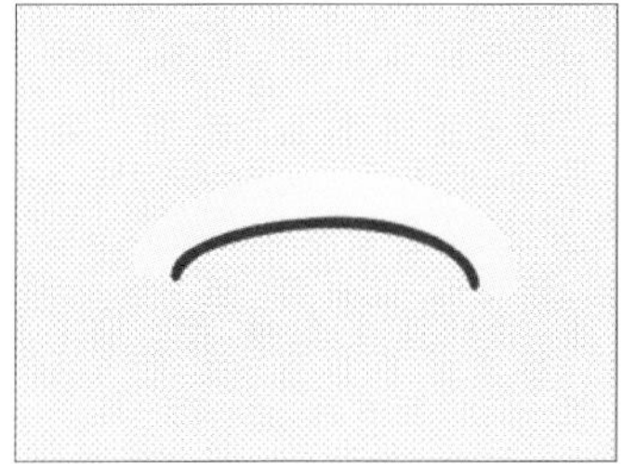

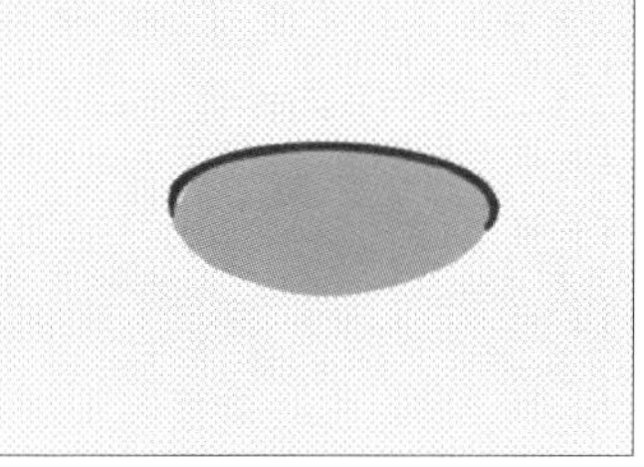

4

口は、上唇と下唇、歯、舌、口の奥とレイヤーを分けています。口パクをさせる時のために、歯、舌、口の奥は隠れてしまう部分まで大きめに描き、上唇と下唇は、それらがはみ出さないように肌色をつけます。また、口は「線」と「塗り」を別レイヤーとして分ける方法もあります。

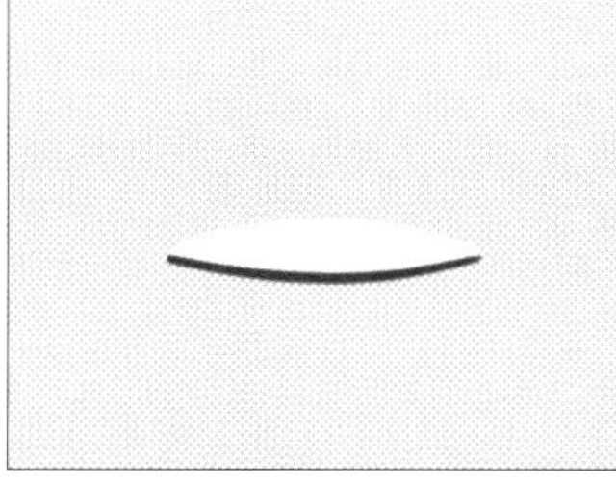

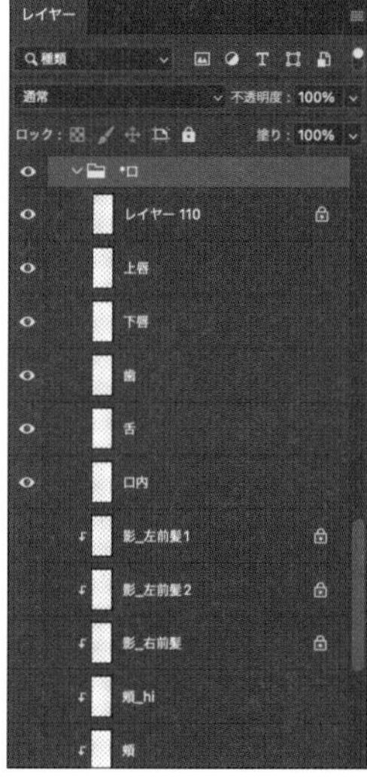

・スクリプトを使ってレイヤーを整理・

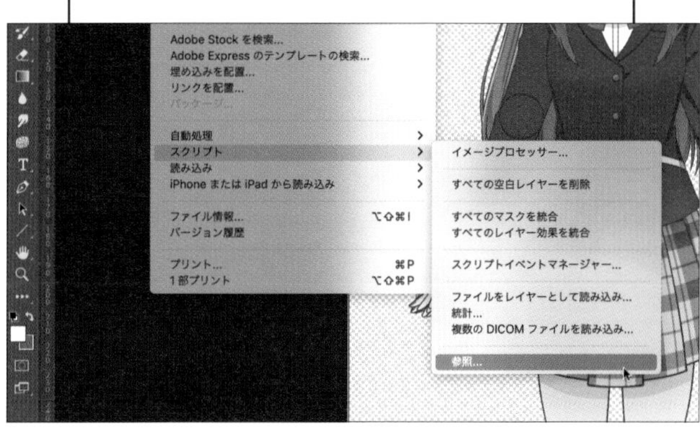

1 線画と塗りなど、1つのパーツで複数のレイヤーに分けている場合、Live2Dに読み込ませる前にパーツごとにレイヤーをまとめます。Live2D公式が配布しているスクリプト「Live2D_Preprocess」を使うと便利です。

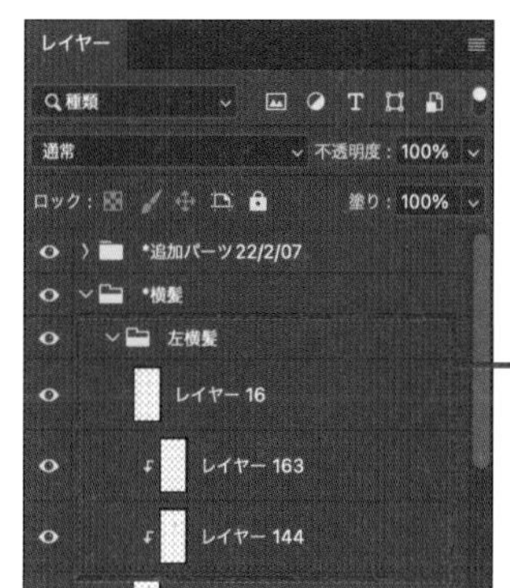

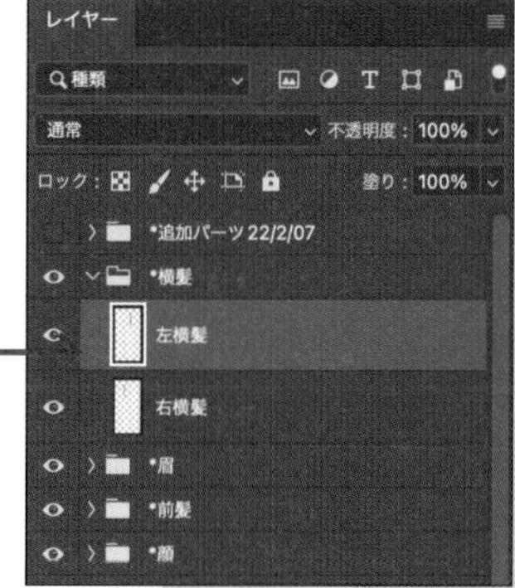

2 このスクリプトを使うと、レイヤーフォルダごとに中のレイヤーを統合します。統合したくないレイヤーフォルダは、フォルダ名に「*」をつけておくと統合の処理がスキップされます。

アートメッシュとは、パーツを変形させるために必要な網目状の図形です。アートメッシュはパーツごとに作成する必要がありますが、Live2D Cubismではワンクリックで自動生成する機能もあります。ただし、眉や口、髪の毛など細かく変形させたいパーツについては、自動生成ではなく手作業で作成し直したほうが美しく動かせます。

手作業でメッシュを作成する際は、変形の中心となる軸に線を引いた後、周りを囲むようにすると良いでしょう。眉のアートメッシュを作る場合、眉の中心線を引いた後、周りを囲むイメージです。 アートメッシュを作成したら、「変形パスツール」を使用してパーツを変形できるようになります。例えば眉の場合、困ったような表情で眉を反り返らせる状態、通常の状態（元のイラストデータの状態）、喜びや驚きで眉の中央が上がる状態など、3つの状態を設定できます。変形の途中は自動で補完されるため、途中の形状を細かく設定する必要はありません。このステップでは眉の編集を例に挙げましたが、Live2D Cubismではこの編集方法が基本となります。

アートメッシュを引き直す

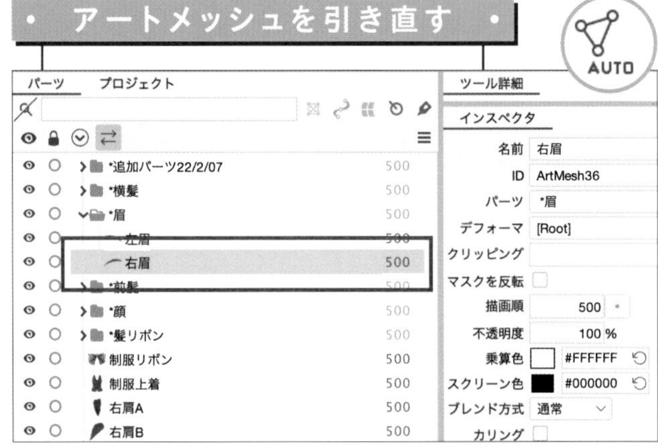

1 右眉の編集を例に手順を説明します。イラストのPSDデータをLive2D Cubismに読み込んだら、「パーツ」パレットでパーツを選択し、「メッシュの自動作成」ツールをクリックします。

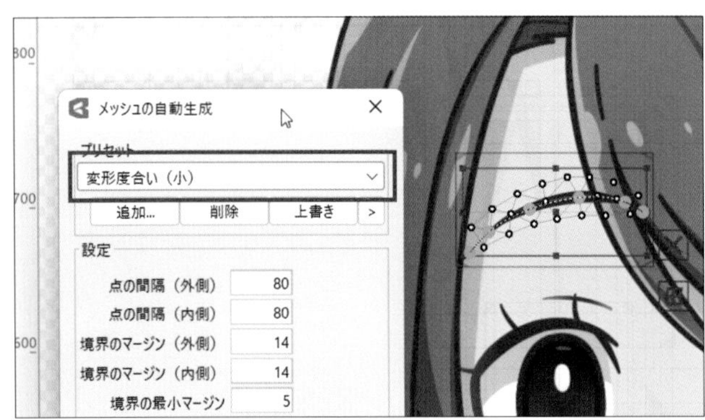

2 設定ウインドウが開いたら、「プリセット」から変形度合い（小）を選びましょう。

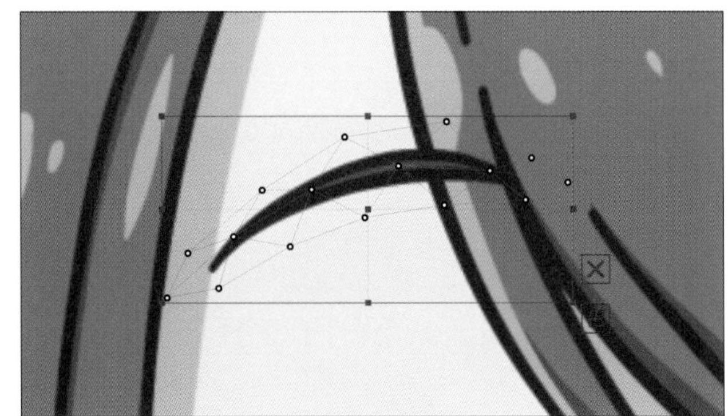

3 眉の周りに自動でメッシュが作成されます。

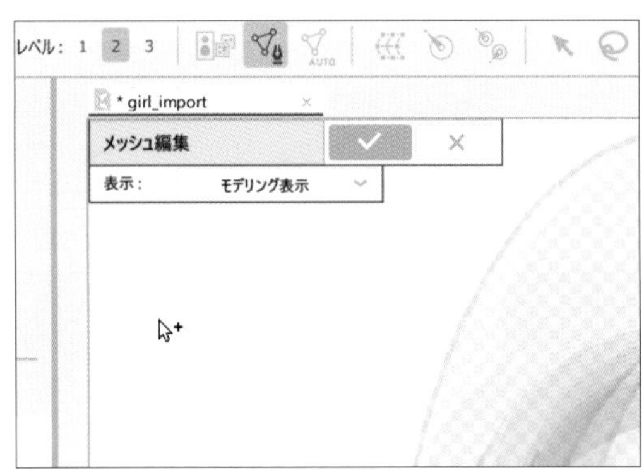

4 しかし、自動で作成されたメッシュでは自然な動きを設定するのが難しいです。そこで、「メッシュの手動編集ツール」をクリックして、手作業でメッシュを引き直しましょう。

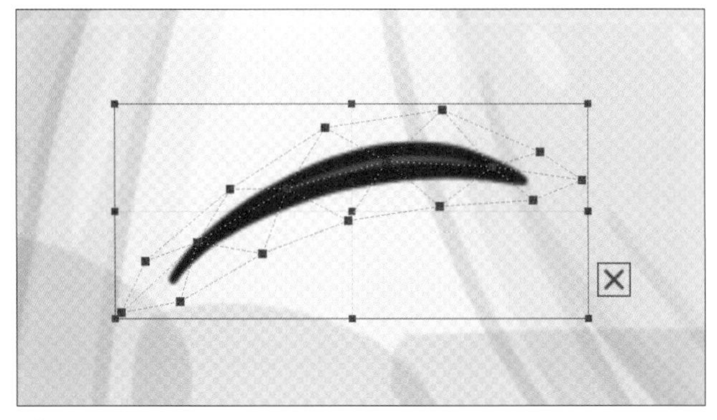

5 まず、自動で作成されたメッシュをすべて削除します。キーボードショートカットなどで全選択し（「ctrl」キー＋「A」キー）、そして「delete」キーで削除します。

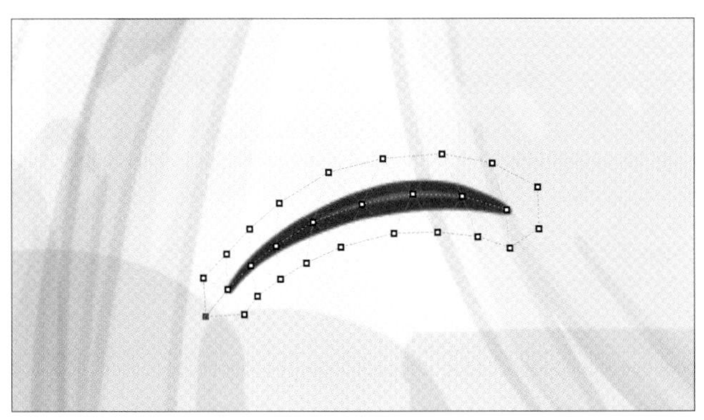

6 手作業で線を引いていきます。眉の中心に点を打った後、眉の周りを囲むように点を打ちます。

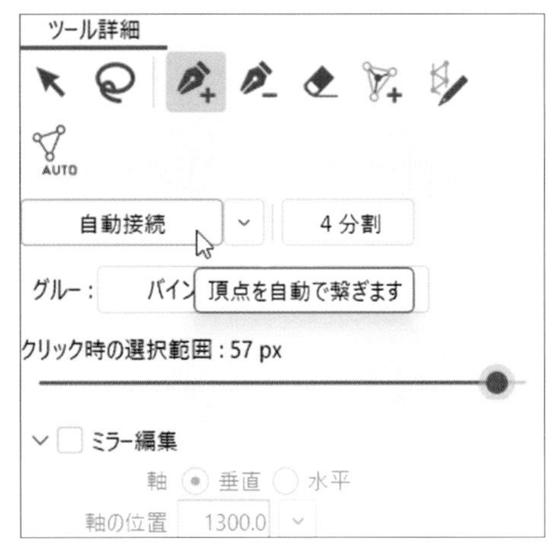

7 点を打ち終わったら、「ツール詳細」パレットにある「自動接続」ボタンを押すとメッシュが完成します。

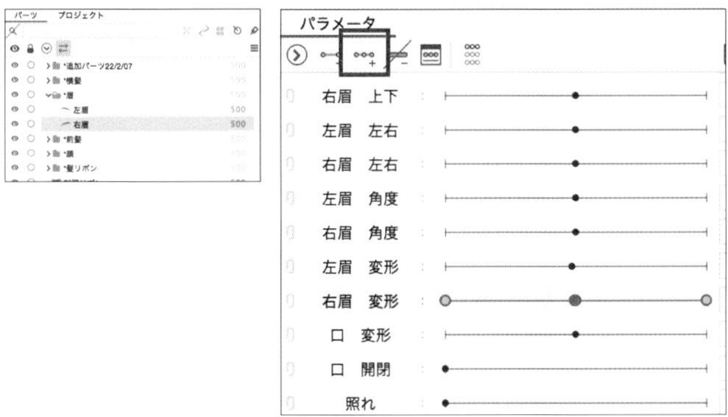

8 このメッシュを基に、眉の変形をしてみましょう。「パーツ」パレットで右眉を選択した後、「パラメータ」パレットで「右眉 変形」を選択し、パレット上部にある「キーの3点追加」ボタンをクリックします。

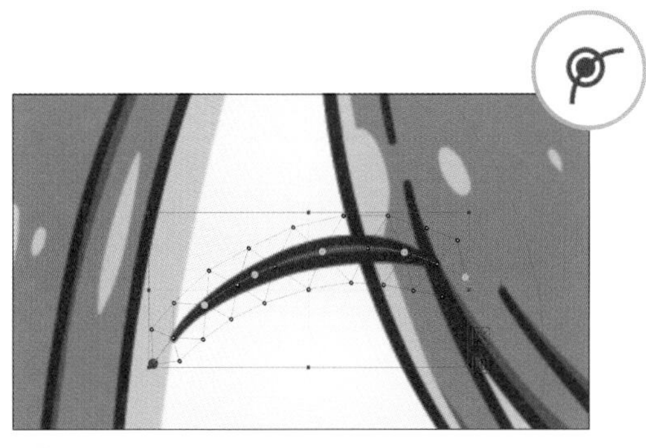

9 「変形パスツール」をクリックした後、眉の中心線に沿って点を打っていきます。

10 次にパラメータの「-1.0」の丸印を選択し、困り顔用の眉を作成します。選択ツールを選んで緑色の丸印をドラッグしていきます。さらに同様の操作で「1.0」側も設定しましょう。こちらは眉が上がったような動きを設定します。

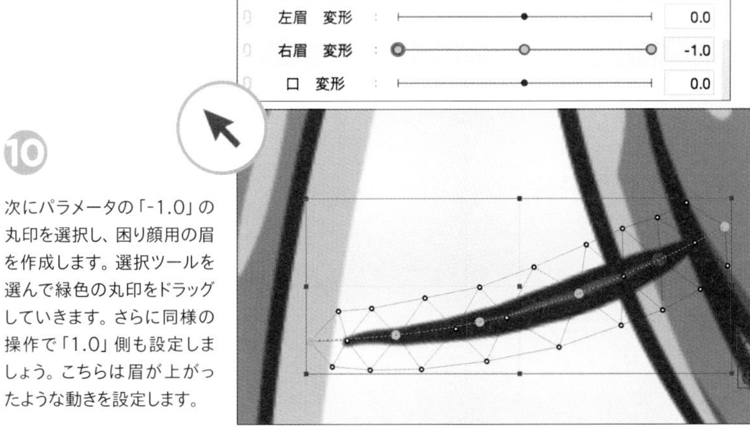

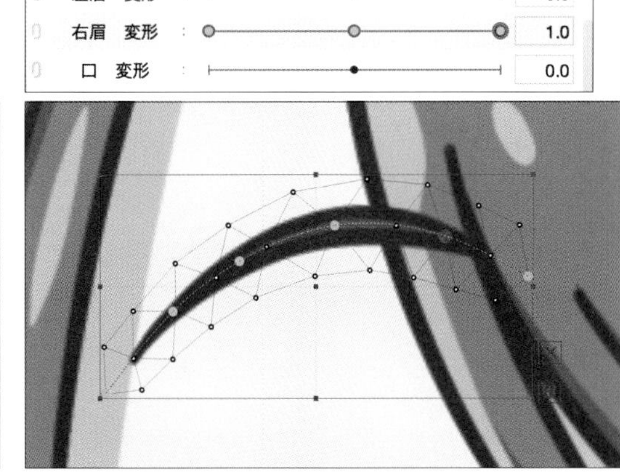

パーツを反転複製させる

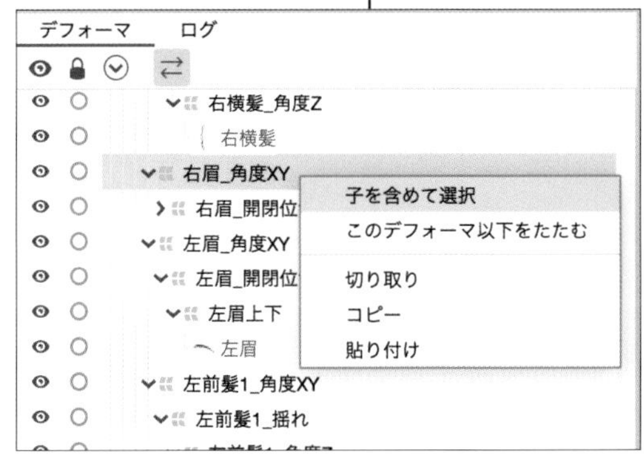

1 眉や目などのパーツは、パーツを反転複製すると手間が省けます。「デフォーマ」パレットで反転複製したい要素を選んで右クリックし、「子を含めて選択」を行います。その後、コピー&ペーストで複製できます。

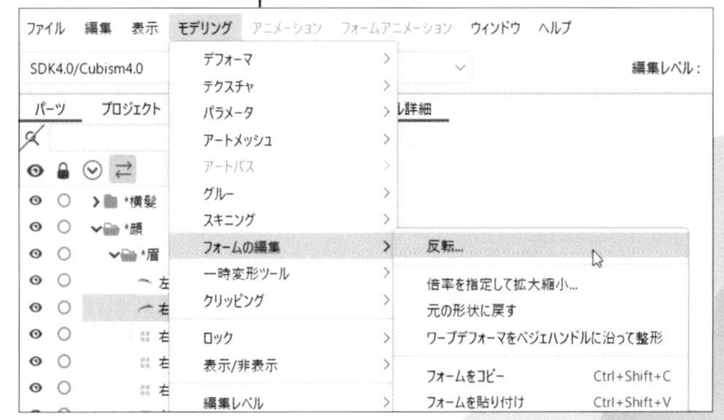

2 次に、「モデリング」メニューから「フォームの編集」→「反転」を選択します。次に表示されるウインドウで「左右反転」にチェックを入れてOKすると、左右反転が完了します。

STEP3 頭を自然に動かす

続いて、頭全体を横に傾ける（回転する）動きについて解説しましょう。この動作で設定するのが「回転デフォーマ」という機能です。指定した位置を回転軸にしてパーツを回転させるというものです。頭を傾けるもっともシンプルな方法は、顎の先あたりに回転デフォーマの回転軸を設定し、頭部のパーツをすべて回転させることです。さらに、首の付け根あたりにも回転デフォーマを設定し、首自体も少し傾けるようにすれば、よりリアルになるでしょう。また、髪の毛などを自然に変形させるには「ワープデフォーマ」という機能を使います。

Live2Dで頭部を自然に動かすには、この動き（角度Z）のほかに、左右を向く「角度X」と上下を向く「角度Y」を設定する必要があります。角度Xや角度Yの設定は、目や口、髪の毛など、複数のパーツの位置や形状を調整するため、これまで解説してきたステップに比べると難易度は少し高いです。とはいえ、これらはLive2Dモデルづくりには欠かせないステップなのでぜひ挑戦してみてください。さらえみ先生のブログでは角度X／角度Yの設定についてもわかりやすく説明しています。

回転デフォーマを設定

1 まず「パーツ」パレット上で回転させたい頭のパーツをすべて選択します。

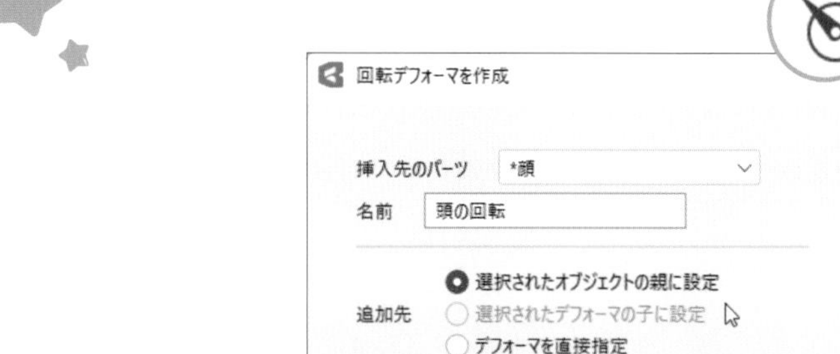

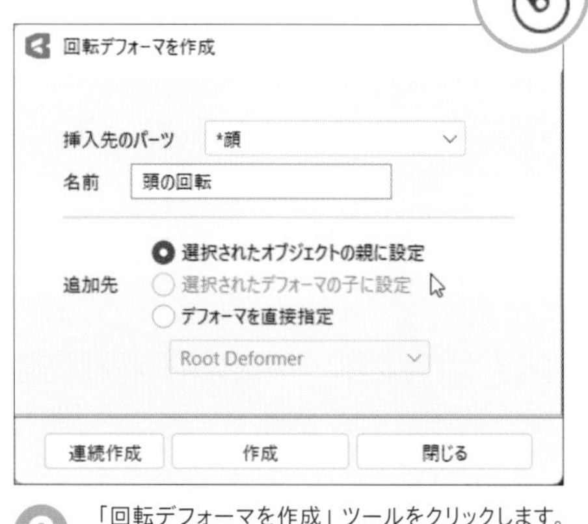

2 「回転デフォーマを作成」ツールをクリックします。ウインドウが開いたら「頭の回転」などと名前を入力して「作成」ボタンをクリックします。

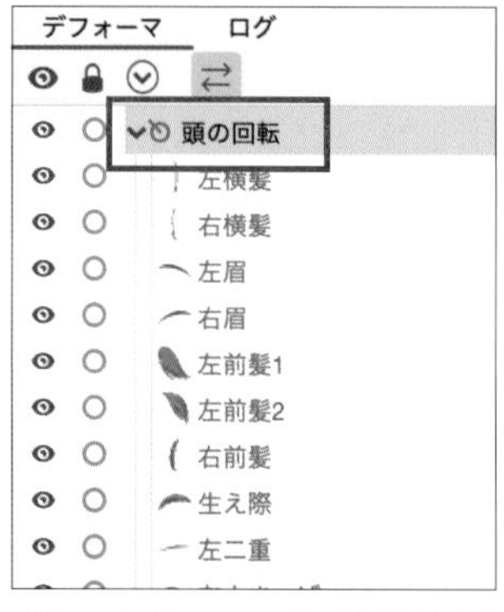

3 「デフォーマ」パレットを見ると「頭の回転」という項目が追加されているはずです。項目内に入れ忘れたパーツがあれば、デフォーマパレット内でパーツをドラッグ＆ドロップして格納しましょう。

4 回転デフォーマを設定すると、回転軸を示す赤いマークが表示されます。「ctrl」キー＋ドラッグで回転の中心点を移動させましょう。顎の先あたりに設定するといいでしょう。

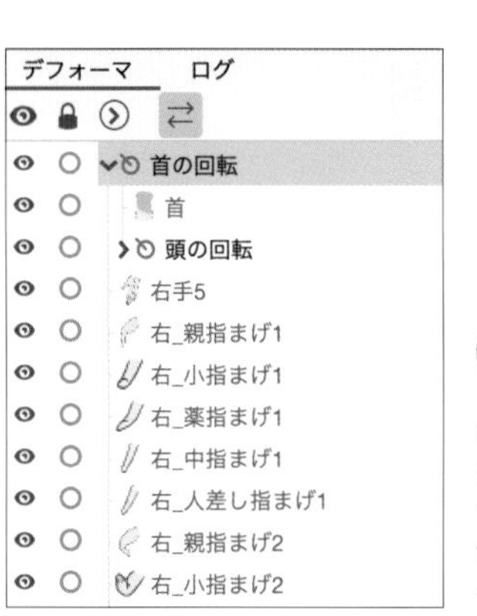

5 さらに、「頭の回転」デフォーマと首パーツの両方を選択し、もう1つ回転デフォーマを作成します。こちらは「首の回転」などと名前をつけましょう。

6 首の回転デフォーマは首の付け根あたりに中心点を移動させます。

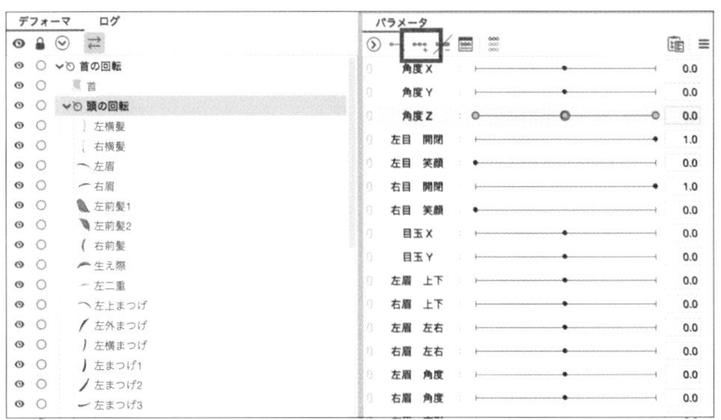

7 続いて回転の設定を行います。「デフォーマ」パレットで「頭の回転」を選択したのち、「パラメータ」パレットで「角度 Z」項目をクリックして選択。続いて「パラメータ」パレット上部にある「キーの3点追加」ボタンを押します。

8 パラメータの右側の丸をクリックしたのち、メイン画面にある赤いマークをドラッグして回転させます。

9 続いて、パラメータの左側の丸をクリックしたのち、メイン画面にある赤いマークを逆側に回転させます。

10 同様の操作で、「首の回転」デフォーマも「キーの3点追加」を行い、左右それぞれに傾けた設定を行います。このように首も少し傾けたほうが、頭部だけを傾けるよりも自然な動きになります。

髪の毛を自然に揺らす

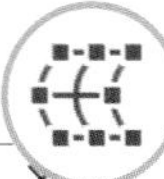

1 髪の毛が重力に合った動きをするように調整しましょう。ここでは一例として、左側の髪を設定します。まずは該当するパーツを選択しましょう。

ワープデフォーマを作成

挿入先のパーツ　*横髪

名前　左横髪の角度Z

追加先
- 選択されたオブジェクトの親に設定
- 選択されたデフォーマの子に設定
- デフォーマを直接指定

左横髪_角度Z

2 「ワープデフォーマを作成」ツールをクリックします。ウインドウが表示されるので名前を入力して「作成」ボタンをクリックしましょう。

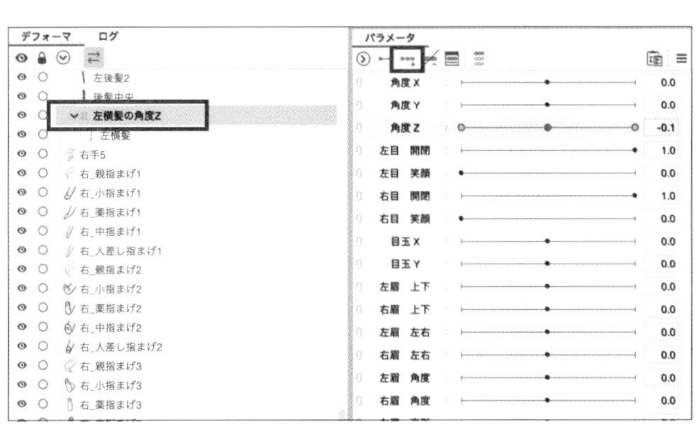

3 「デフォーマ」パレットに新しい項目が追加されたことを確認したらそれを選択、「パラメータ」パレットの「角度 Z」も選択して「キーの3点追加」ボタンをクリックします。

4 緑色の格子をドラッグしながら、自然な形になるように整えましょう。同じような手順で揺れるパーツを設定していけば、頭のZ回転はひととおり完成です。

Live2D

Live2D

さらえみ先生に聞いた

Live2Dデザイナーのお仕事事情

本記事でノウハウを教えていただいた、さらえみ先生にインタビュー。
フリーランスのイラストレーターになるまでの経緯やLive2Dとの出会い、
さらにLive2Dデザイナーとしての
具体的なお仕事内容などを伺いました。

イラストレーターになった経緯を教えてください

アニメーターが夢だった

もともとアニメが好きで、アニメーターを目指してアニメの専門学校に通っていました。卒業後は念願が叶ってアニメ制作スタジオに入社し、テレビアニメや劇場版アニメの原画・動画に携わることができました。好きなことを仕事にできて充実した日々を送っていましたが、当時のアニメ業界は収入面も労働時間の面も非常に過酷で、酷使した体は口内炎が常に何個もできるほどにボロボロでした。同期もほとんどが辞めていきました。節約して食いつないでいましたが生活もままならず、ついに退職を決意しました。

その後は、映像開発のCGデザイナーとして転職しました。アニメ制作会社での仕事はアナログ作業でしたが、新しい職場ではAdobe PhotoshopやIllustratorを使ってデザインし、映像制作ソフトのAfter Effectsで映像制作も行いました。アニメ制作会社時代に趣味でパソコンを扱っていた経験が役立ちました。

2010年に結婚し、しばらくはCGデザイナーを続けていましたが、遠距離通勤となったり、家事との両立が難しくなり、独身の時と同じようなやりがいを感じにくくなってきました。そこで一念発起し、フリーランスのイラストレーターとして独立しました。ブログなどを通して自己アピールを行い、少しずつ仕事を増やしていくことができました。

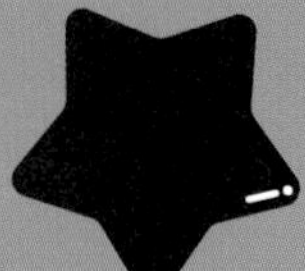

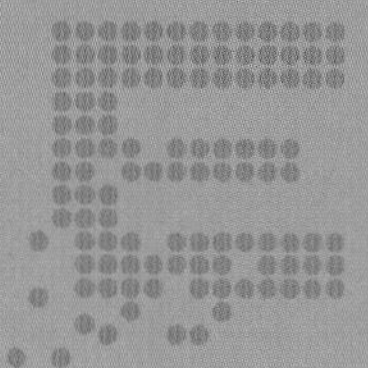

/ information /

さらえみ先生のホームページ。
プロフィールの詳細やこれまでの実績を確認できます。また、イラストやキャラクターデザインのサンプル、お仕事の制作期間の目安なども記載されています。
★URL　**http://saraemi.com/profile/**

独立してからLive2Dに出会うまではどのような流れでしたか？

ある問い合わせがきっかけで挑戦

最初はフリーランスで仕事をもらえるか不安でした。知り合いの紹介でイラストや販促用マンガの仕事を請け負っていましたが、ブログに実績を載せたり、コミュニティに入ったりしたことで徐々に企業からの依頼が増えていきました。現在も、イラスト制作やキャラクターデザインが仕事の中心です。実績としては、例えば銀行や地方の教育委員会のビジュアルの作成、商品のパッケージ用キャラクターのデザインなどに携わってきました。

Live2Dは、仕事とは関係なく趣味で触り始めたのがきっかけでした。フリーランスとして独立する前のことです。そのころはまだLive2DもVTuberもマイナーな存在でした。キャラクターを自由に動かせるのは面白いと感じていましたが、その頃は仕事につながるとは思っていませんでした。

フリーランスになった頃から、世間でVTuberが徐々に流行り始めました。そんな折、ある企業から「アニメーションがつくれるならVTuberもつくれるのではないか?」と問い合わせがあり、それなら一度仕事でやってみるかと挑戦してみることにしました。

また、その時に自分でLive2Dのキャラクターを一通り作った経験を活かし、ブログでVTuberモデルの作り方を解説し始めました。そのブログ記事がきっかけとなり、Live2Dを使った案件も徐々に増えていったという流れです。

また、現在はクリエイター向けのマーケットプレイス「BOOTH」で、制作したLive2Dモデルの販売も行っています。

さらえみ先生はLive2Dのオリジナルモデルを販売しています。例えばこの「ゲーマー風女の子」は、あらかじめ各種の表情やモーションが設定されています。Live2Dの使い方を覚えるための教材として購入するのも良いでしょう。

さらえみ先生のホームページ内にある「さらえみブログ」では、Live2Dをはじめとする各種クリエイティブツールの実践テクニックが解説されています。特にLive2Dの解説は非常にわかりやすいので、初心者の方はぜひチェックしてみましょう。

Live2Dデザイナーになったことでどんな変化がありましたか？

海外展開のチャンスをもらった

Live2Dを使い始めたことで、仕事の幅が大きく広がりました。日本だけでなく、海外のVTuberのデザイン･Live2Dモデルの作成も請け負っています。こちらは個人の方が中心です。

フリーランスになってから、たまたま海外向けの営業展開をしているクリエイターさんとの関係が生まれ、海外向けのクリエイターコミュニティに参加しました。実力がある方々だけが集まっているコミュニティなので、有益な情報をキャッチすることができ、助かりました。海外からの依頼は、そうした縁で増えていきました。

こうしたつながりは、Live2DやVTuberに触れていたからこそ生まれた縁だと思います。イラストを描くだけではこのような広がりは生まれなかったでしょう。Live2Dは、新しいチャンスに出会うきっかけをくれました。

Live2Dは配信用のVTuberモデルの制作が中心ですが、アニメーション映像の依頼で活用することもあります。アニメーションの依頼自体はわりと多いのですが、フリーランスとして1人でやるのは作業量の限界があるため、あまり多くは受注せず、動画を含めて複合的にご発注いただくプロジェクトなどに絞って注力しています。例えば企業から、プロモーション用のポスターとアニメーション動画の作成をまとめて依頼されるといったケースがあります。

クライアントからは特にLive2Dで……という指定はありませんが、Live2Dを使えばセル画を1枚1枚描かずに済む上、風になびく髪の表現をするのにも非常に効果的だと感じています。

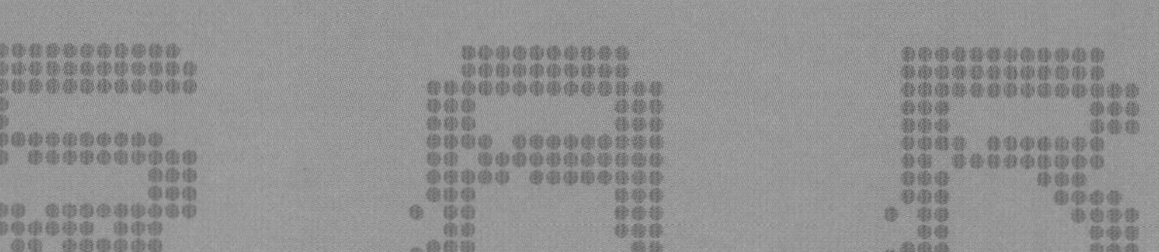

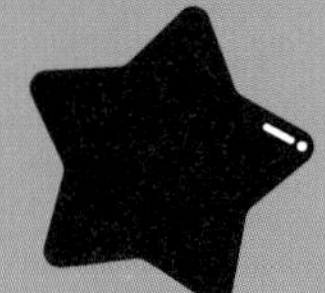

さらえみさんが海外からの依頼を受けて制作したVTuber用のキャラクターです。キャラクターデザインからLive2Dモデルの作成まで担当しました。

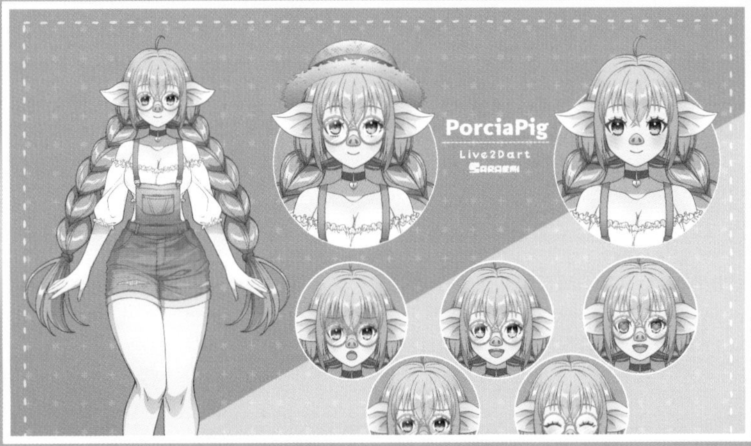

こちらも海外クライアントからの依頼で作成した事例です。海外からの依頼では、日本ではあまり見られないような独特のデザインを頼まれることも多いそうです。

Live2Dデザイナーを目指す人にメッセージをお願いします

Live2Dで可能性が広がる

イラストを描くスキルを持っている人なら、Live2Dを学ぶことで新たな可能性が広がると思います。今やVTuber以外にもゲーム制作などLive2D活用の幅が広がっており、知識や技術を活かせる場所はけっこうあると思います。興味がある方は、覚えておいて損はないでしょう。

Live2Dに関して、私はまだまだ基礎部分のみですが、もっとすごいクリエイターさんがあちこちで情報発信しています。基礎から応用まで学べる場が、かなり増えています。

Live2Dは、単に動かすためのツールの設定知識だけでなく、斜めの顔を整形できる観察力やデッサン的なセンスも要求されます。イラストやデザインの能力を持つ方がLive2Dに携わる意味はかなり大きいと感じています。

若い方がプロのLive2Dモデラーとなり、クリエイターやVTuberと一緒にエンターテインメントを支えてくれるようになると、私もうれしいです。みなさんのご活躍を期待しています!

Live2Dメイキング
実践講座

自然な動きをつけるための VTube Studio 設定

Live2D Cubismで作成されたモデルを実際に動かすために、多くのVTuberが使用しているのが「VTube Studio」というソフトです。このソフトの基本的な使い方や応用テクニックを、人気Live2Dクリエイターのたになつみ先生に尋ねました。

[Text]小平淳一

【ソフト名】
VTube Studio

■ **価格** 無料
（透かしをなくすには1,520円の有料版が必要）
■ **備考** STREAMプラットフォームからダウンロード

【講師】
たになつみ

フリーランスのLive2Dデザイナー。システムエンジニア・Webエンジニアを経て、趣味のLive2Dとイラストを本業としてフリーランスに。配信用、アプリ用、映像用のLive2Dモデルを制作。東洋美術学校でLive2Dの講師を担当。
→たに先生のインタビューは66ページに掲載

【掲載モデル】
ないとめあ

清楚なおばけのおんなのこ♡
「KU100」などのバイノーラルマイクを使って清楚なASMRを配信中。YouTubeチャンネルは「Mare Ch. ないとめあ -耳舐めおばけ-」

Live2D Cubismでつくられたモデルを人の動きに合わせて動かすには、「トラッキングソフト」と呼ばれるものが必要です。ここで解説するVTube Studioは、多くのVTuberが愛用しているトラッキングソフトで、シンプルな操作でありながら、顔と手のトラッキングも可能です。

VTube Studioでのトラッキングの設定を理解するには、まず「IN」と「OUT」の関係を把握することが重要です。「IN」とは、ユーザー側が行う入力のことで、例えば、Webカメラで捉えた目の開閉、顔の向きなどが「IN」のパラメータとして指定できます。VTube Studioは、自動的にWebカメラで捉えた顔のパーツを認識します。一方、「OUT」には、Live2D Cubismで設定した動き（パラメータ）を指定します。例えば、まばたきをさせたい場合、「OUT」にLive2Dの目の開閉のパラメータを指定します。

これらを1つ1つ指定していくのはかなりの手間ですが、VTube Studioでは、モデルを読み込んだ時に標準的な動きを自動設定してくれる機能もあります（モデル側のパラメータは設定しておく必要があります）。

STEP1 ユーザーのまばたきでまぶたを開閉

・カメラ連動の基本・

❶ すでに設定済みのモデルを元に、カメラ連動の基本を解説しましょう。このモデルでは、「右目の開閉」という項目にさまざまな設定が施されています。

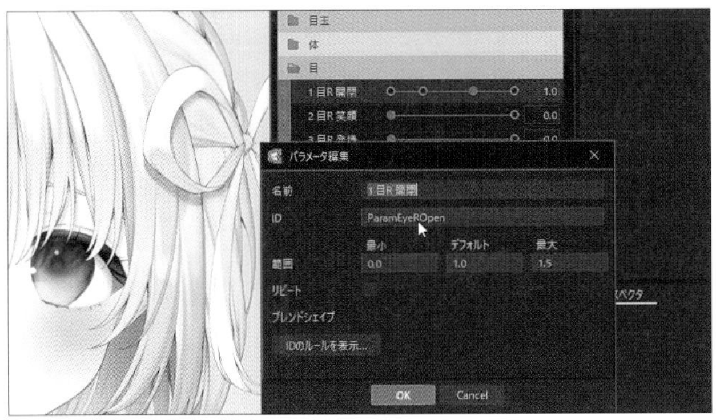

❷ ❶の「OUT」に割り当てられている「ParamEyeROpen」という設定は、Live2D上で設定した右目の開閉に関するパラメータIDです。

❸ ❶の画像の「IN」の部分を押すと、上図のダイアログが表示されます。このパラメータはあらかじめVTube Studioに入っているもので、右目の開閉は「EyeOpenRight」という項目です。

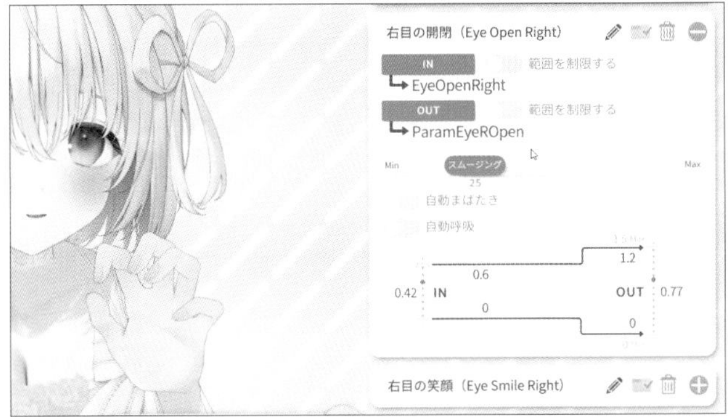

❹ つまり、ユーザーの行動を「IN」で指定し、それに合わせてモデルが行う動作を「OUT」で設定するということです。基本的には非常にシンプルです。

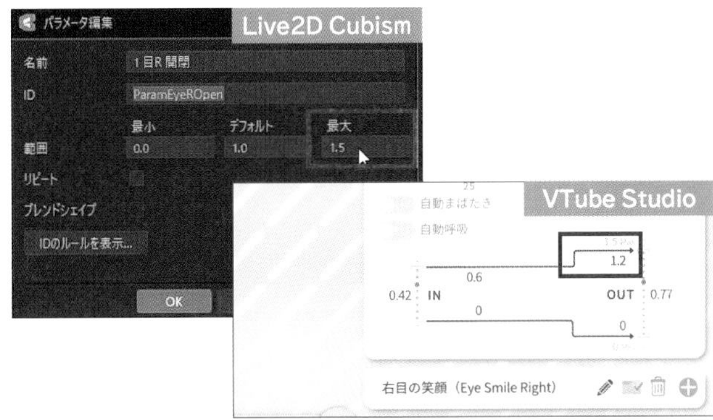

❺ なお、ユーザの行動に対して、モデルの動きをどの程度反映させるかは、パネル下側の数値で行います。Live2D Cubism上では最大値を「1.5」とした動きに対して、VTube Studio側で「1.2」を最大にすることも可能です。

自動でカメラ連動を設定

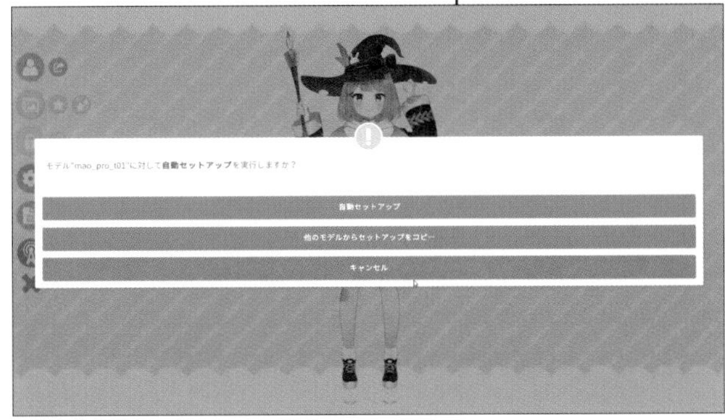

❶ こうした動きを一つ一つ設定していくのは骨の折れる作業ですが、実はVTube Studioでは、モデルを読み込ませた時に自動でセットアップしてくれる機能もあります。

❷ モデルを読み込ませると「自動セットアップを実行しますか」というダイアログが表示されるので、そのまま進めていきましょう。

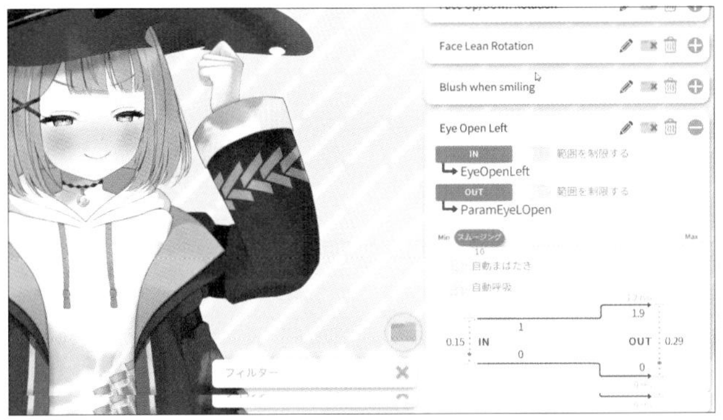

❸ それだけで、まばたきなどの基本的な動作はカメラとの連動が完了しました。

❹ 自動的に設定できたのは、Live2D上のパラメータIDが標準的な命名ルールに則っていたからです。Live2Dのオンラインマニュアルを参照しながら、標準IDをつけるようこころがけましょう。

喜怒哀楽の表情を切り替えたり、小道具の表示のオン／オフを切り替えたい時は、アクションをキーに設定できます。例えば表情を切り替えたい場合、「キーバインドアクション」にLive2D Cubismで作成した表情を、「キーコンビネーション」に呼び出すためのキーを設定するという流れです。なお、表情の指定は、Live2D ViewerというLive2D Cubismの付属ソフトから書き出された表情ファイル(「.exp3.json」という拡張子)を指定しますが、それ以外にも、VTube Studioでも表情ファイルを作成できます。この記事では、VTube Studioでの表情ファイルの作成についても触れておきます。

キー操作による表情の変更は、設定したキーを一度押すと切り替わり、もう一度押すと元に戻るという挙動になっています。また、キーは最大3つまで組み合わせられます。1つのキーだけでも指定できますが、たに先生は基本的に2つ以上のキーを同時押しするよう設定しているそうです。1つのキーだけでアクションを呼び出せるようにしてしまうと、配信中に文字入力を行った時に目まぐるしく表情が変わってしまう危険があるためです。

STEP2
キーボードにアクションを割り当て

キーバインド設定の基本

❶ まずはシンプルな方法として、瞳の中にハートマークが浮かぶというアクションを特定のキーに割り当てる方法を解説していきましょう。

❷ 画面左上のカチンコ型のボタンを押すと、キーバインド設定が開きます。

❸ ここでは設定済みの項目を元に基本を解説します。この設定では「キーバインドアクション」の「アクションタイプ」に「表情を切り替える (exp3)」が設定されています。

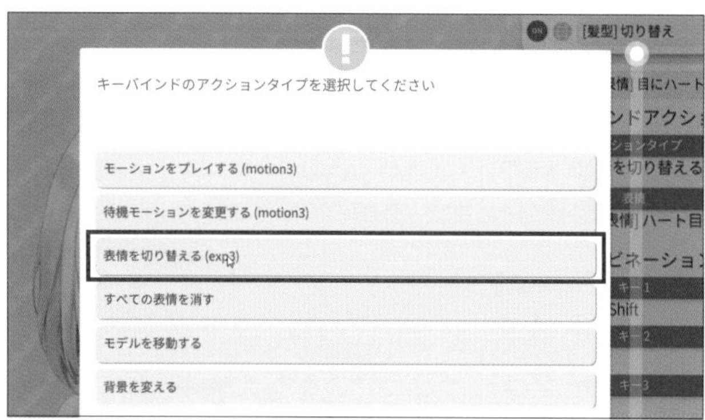

❹ 前の画面で「アクションタイプ」ボタンを押すとこのようなウインドウが開き、アクションの種類を選択できます。ここで「表情を切り替える (exp3)」を選んだというわけです。

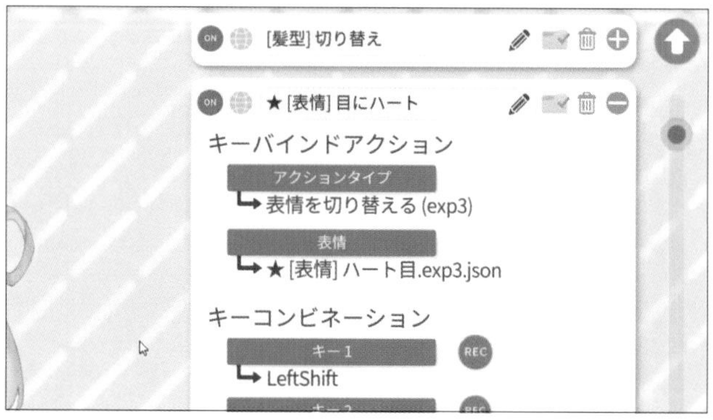

❺ 「表情」部分で設定されている「[表情]ハート目.exp3.json」は、Live2D Viewer上で作成した表情データです。表情データの書き出しは、VTube Studio上で新しい表情を設定することもできます。後ほど解説しましょう。

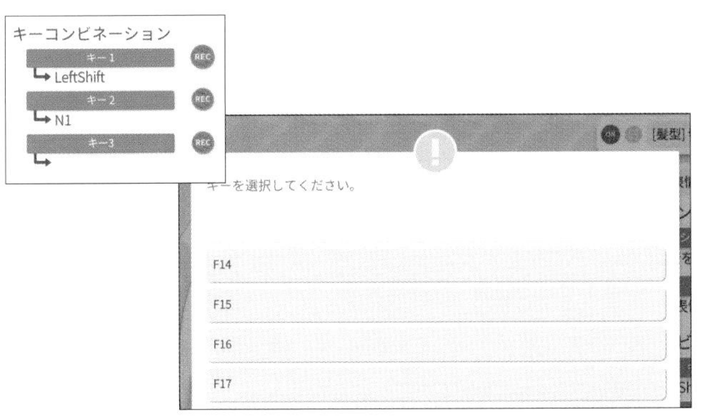

6 次にキー割り当ての設定。キー1～キー3のボタンを押すと、呼び出すためのキーを設定できます。また「REC」ボタンを押してから任意のキーを押すことでも設定可能です。

7 指定したキーを一度押すと、設定した表情に変化します。同じキーをもう一度押すと、元の状態に戻ります。

• 複合的な表情をキーに割り当てる •

1 先ほど触れた、VTube Studio上で新しい表情を設定する方法を解説しましょう。

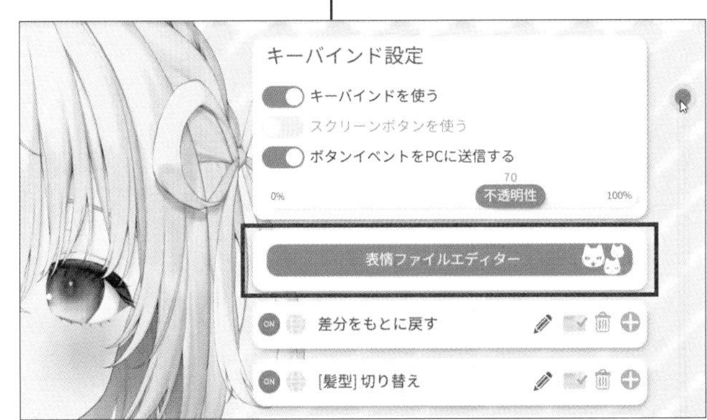

2 上のほうにある「表情ファイルエディター」を押してみましょう。

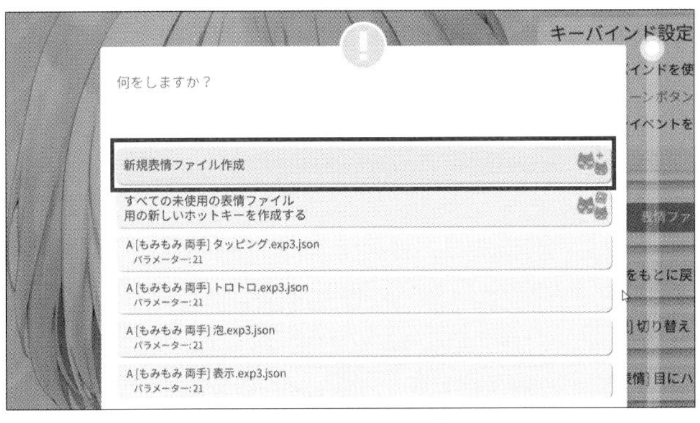

3 次の画面では「新規表情ファイル作成」を選択します。

4 すると、モデルで設定されているパラメーター一覧が表示されます。変更したいパラメータをオンにして、スライダで数値を調整します。

4 さらに複数のパラメーターをオンにして、それぞれスライダを調整していきます。これで、複数のパーツを動かした新しい表情が出来上がります。

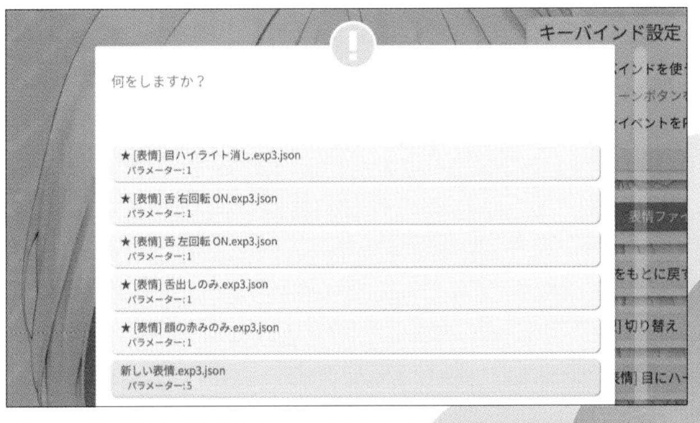

5 設定が済んだら「保存」ボタンを押すと、拡張子「.exp3.json」の表情ファイルとして保存されます。あとはこれを「表情」に割り当てれば完了です。

パーツの切り替えも、基本的には前ページで解説した表情の切り替えと同じ設定方法になります。例えば「通常時の腕A」とは別に「腕B」をつくっている場合、キーを押すことで「通常時の腕A」を非表示にしつつ、「腕B」を表示するといった設定を行います。今回の記事で掲載しているモデルでは、「耳かき用」や「ヘッドマッサージ用」など、7種類の腕を作成してキーで切り替えられるようにしています。

腕の動きは、Live2D Cubism上で設定しています。肩、肘、手首などの関節ごとにデフォーマ(52ページを参照)を設定しておきます。また、必要に応じて指も1本ずつ動きを設定します。VTube Studioではハンドトラッキングを行うことができるので、顔の動きを設定したのと同じ手順で「IN」と「OUT」を1つずつ設定していくことになります。

数が多くなるとその分作業が増えますが、たに先生によれば「基本がわかればあとはやるだけ」とのこと。高品質で魅力的なVTuberモデルをつくるには、その分膨大な手間がかかるということでしょう。

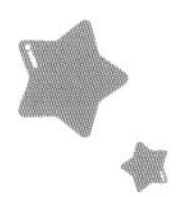

STEP3

キーバインドアクションで腕を差し替え

耳かき用の腕に表示を切り替える

1 このモデルを使っている「ないとめあ」さんは、耳かきを行う動画を配信しています。耳かき用の腕の表示も、基本的には前ページで紹介した設定方法の延長です。

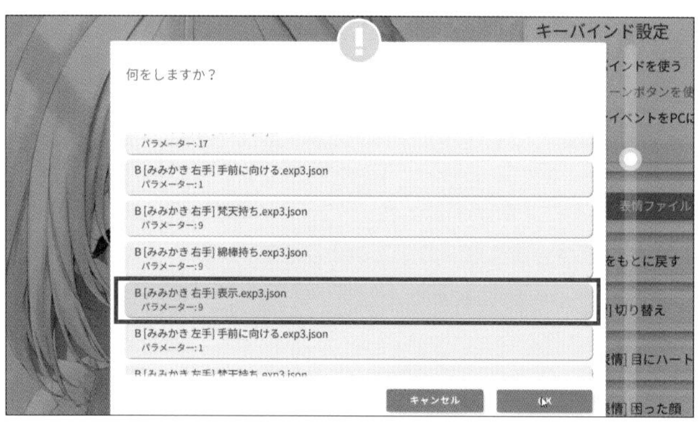

2 耳かき用の腕は、キーバインドアクションで表示のオン/オフを行なっています。「[みみかき 右手]表示.exp3.json」というのがその表情ファイルです。

3 詳細を見ると、耳かき用の腕の表示が「1」(表示)になっていて、ほかの腕の表示が「0」(非表示)になっています。

4 例えば、通常の腕のパラメータを「1」にしてみると、通常の腕と耳かき用の腕が重なって表示されているのがわかります。

耳かき用の腕の動作の設定

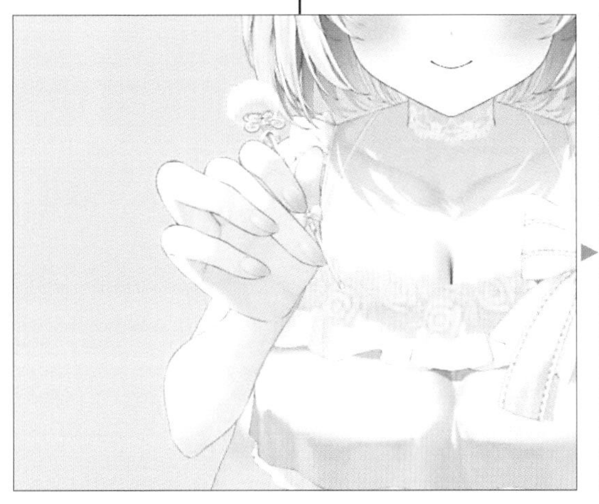

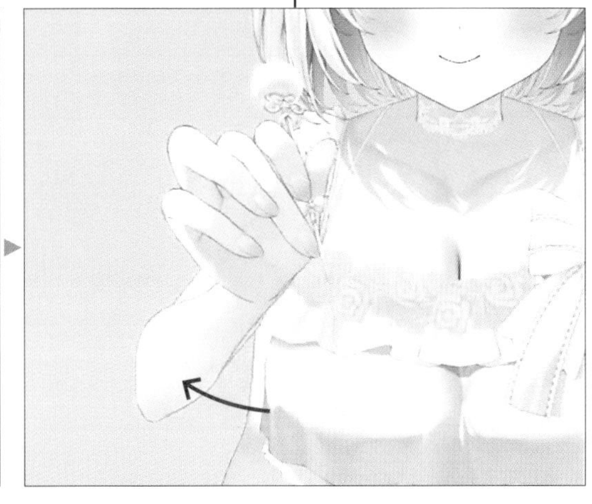

❶

耳かき用の腕のは、Live2D Cubism上で回転の設定がされています。これは肩関節の動きです。

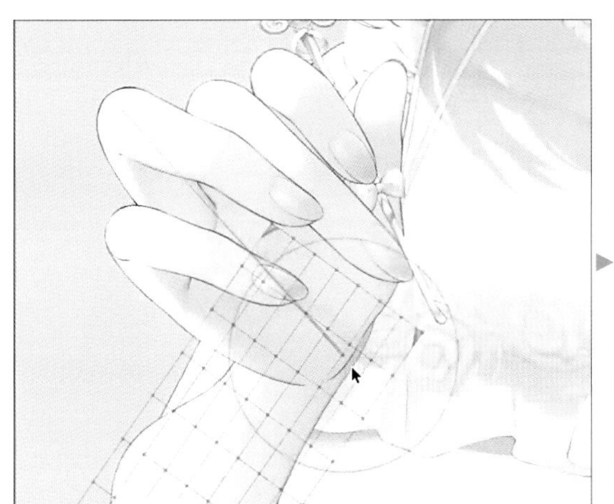

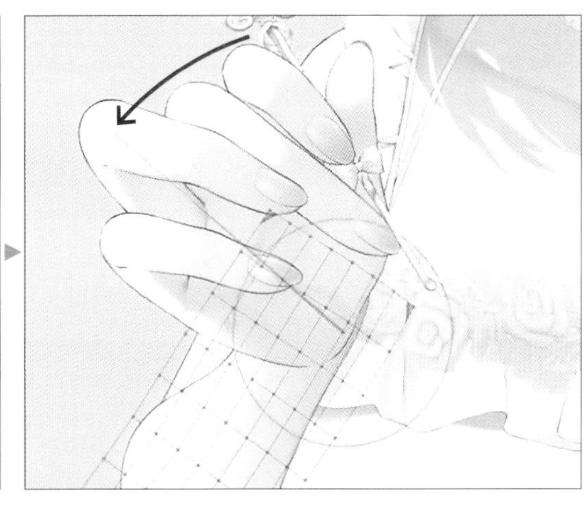

❷

こちらが手首の動き。回転デフォーマという機能を使って関節の回転が設定されています。

❸

こうした腕の動きがカメラと連動するよう、VTube Studioで設定しています。操作をする人とVTuberモデルは向かい合わせになるため、モデルの左手が操作をする人の右手に連動している点にも注意しましょう（画像は薬指の連動設定）。

One Point

［ 2つのカメラでトラッキング ］

VTube Studioは、1つのWebカメラで顔と手の両方をトラッキングすることができます。しかしその場合、手が顔にかかった時などに不自然な動きになってしまうこともあります。たに先生はこの問題を解決するため、顔はiPhoneのカメラ、手はPCに接続したWebカメラと、それぞれ別々にトラッキングしているそうです。

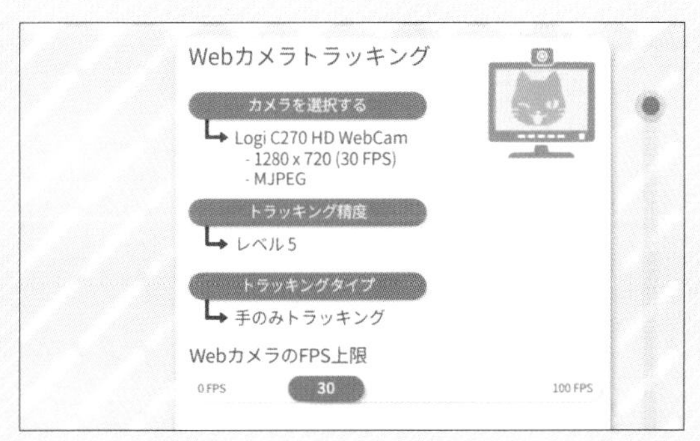

VTube Studioには「faceposition Z」というパラメータがあり、顔とカメラの距離を測ることができます。通常は、カメラに近づくとモデルを大きく、離れるとモデルを小さくするといった見せ方が行われるだけですが、たに先生はそこにプラスアルファの演出を加えています。1つは、離れている時と近づいている時で、頭と体の傾け方を変えるという演出です。近づいた時に頭と体を「くの字」になるように傾けることで、実際に至近距離で見つめ合っているようなセクシーな印象の動きになります。

もう1つは、近づいた時に顔や体を暗くする「逆光」の演出です。これも設定することで、見ている人の前に顔が近づいたような臨場感が出ます。このモデルは、耳元で囁いているような聴覚の心地よさを提供する「ASMR」のVTuber「ないとめあ」さんのために作成したもの。カメラに近づいた時の演出を臨場感たっぷりに表現することが大きな魅力につながっています。

設定方法が複雑になるため詳しい解説は割愛しますが、Live2D CubismやVTube Studioを駆使すればこうした演出も可能だということをぜひ覚えておきましょう。

STEP4 カメラに近づいた時の動きを設定

・胴体がくねるような動きを加える・

1 このモデルでは、カメラとの距離に応じて変わるさまざまな演出が施されています。その1つが首と胴体の動きの変化です。

2 操作する人がカメラから離れた状態。首を左右に傾けると、モデルの首も同じように傾きます。

3 ところがカメラに近づくと、首と胴体がS字を描くように曲がります。体のフォルムが直線的ではなく、曲線的になるためセクシーな印象になります。これはVtube Studioで、ある程度近づいた段階から首の傾きを逆転するよう設定しているためです。

・近づいた時に逆光の表現を加える・

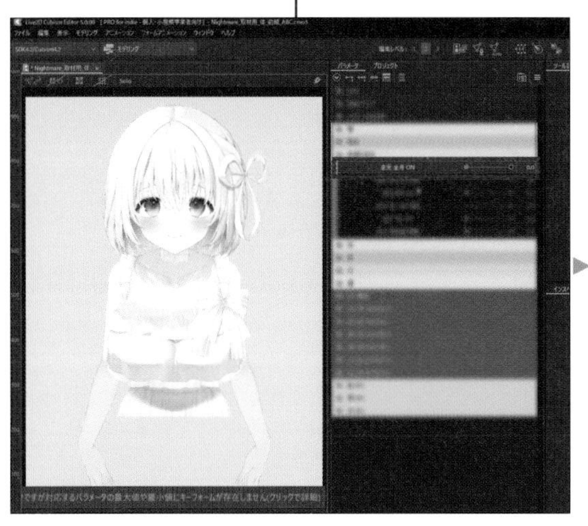

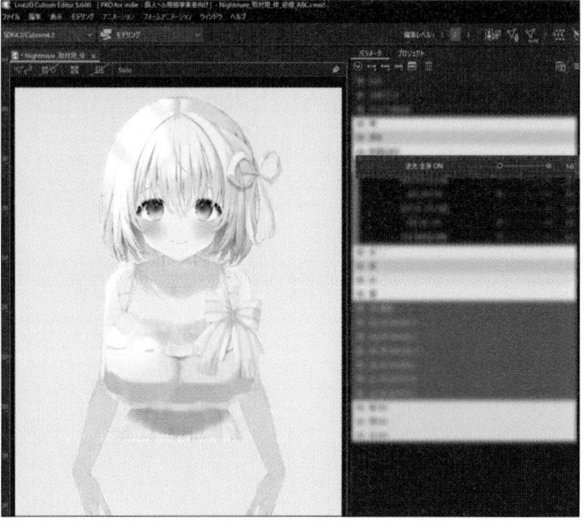

1

このモデルでは、カメラに近づくとモデルが暗くなり、逆光のような演出が付いています。これは、Live2D Cubism上で逆光のパラメータが設定されているため。具体的には、逆光用のレイヤーの不透明度を変えることで表現しています。

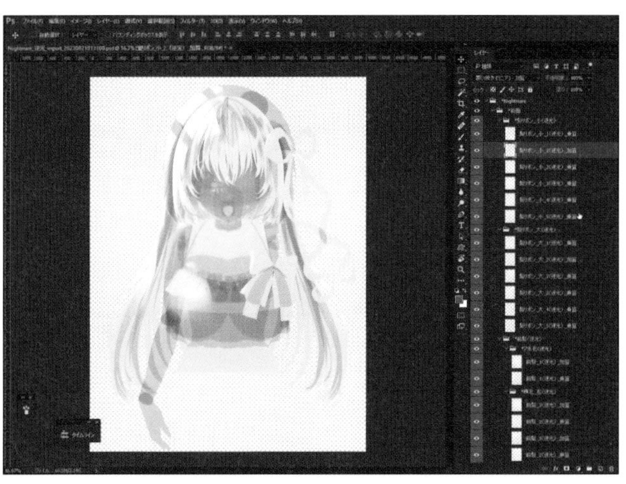

2 作成した影のデータをPhotoshop上で開いたもの。影だけのファイルとなっており、パーツごとにレイヤーを分けて影が表現されています。

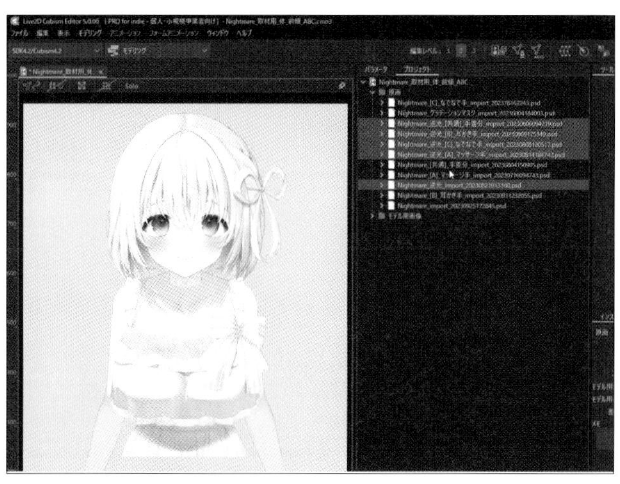

3 これがLive2D上でキャラクターのイラストデータとは別に読み込まれています。画面上で「逆光」と書いてあるのが逆光用の影データ。腕の影データを含め、複数のPhotoshopファイル(PSD)が読み込まれています。

4 ここまでこだわって影をつくり込むことで、非常に繊細な影の表現になりました。左右の腕や手のひらにかかる影がかなりリアルなのがわかるでしょうか。

5

簡単に設定するなら、顔の前に暗い図形を一枚置いて、その不透明度を変えるだけでも構いません。まずは簡単な方法から試してみましょう。

たになつみ先生に聞いた

Live2Dデザイナーのお仕事事情

本記事でノウハウを教えてくれた、たに先生にインタビュー。Live2Dデザイナーを始めた経緯やツールの習得方法、Live2Dデザイナーを仕事にしたことで起きた変化について尋ねてみました。

Live2Dデザイナーになった経緯を教えてください

趣味で始めたLive2Dを仕事に

2011年頃、ゲームやアプリを通じてLive2Dを知りました。「MiraiClock3」や「俺の妹がこんなに可愛いわけがないポータブル」といったタイトルです。イラストなのに立体的に動くのが新鮮に感じ、興味を持ちました。とはいえ、当時私はまだ学生で、その時点では、あくまでLive2Dという存在を知っただけでした。

仕事はもともと、ITエンジニアをしていました。1社目で入ったところは、お客さんのところに常駐して数カ月プロジェクトに参加するというような勤務体系で、非常に激務でした。次に入ったIT系の企業は、比較的ベンチャー風の雰囲気で、仕事も自分の裁量で進められる職場でした。その頃、趣味でやり始めたLive2Dにのめり込んでいき、フリーランスでやってみたいという気持ちが増えていきました。

現在Live2Dデザイナーで活躍している人の多くは、もともと副業としてLive2Dデザイナーを始めたり、映像系やデザイン系の企業で働いていて独立するという人が多いと思います。私のように、まったくの趣味から始めるケースは珍しいのではないでしょうか。勢いで独立したのは、当時働いていた会社の社長が背中を押してくれたことや、元々実家が自営業だったことが影響しているのだと思います。

NATSUMI

/ information /

たになつみ先生のホームページ。
これまでの制作実績が確認できる。
最新情報はXでチェックしよう。

★URL　http://yataya2000.com
★X　@BURAI_VC2008

ツールの習得はどのように行なったのでしょうか？

X（Twitter）や書籍で情報を収集

Live2Dを使い始めたのは、2014年にLIve2D社主催の勉強会が開催されて、思い切ってそこに参加したのがきっかけです。イラストSNSの「Pixiv」の本社で開催されました。ちょうどその頃、Pixivで自分が投稿していたGIFアニメが「Pixivのうごイラランキング」（動くイラスト）というものに掲載されました。それはLive2Dを使わない普通のパラパラマンガ形式のGIFアニメだったのですが、「そういえば、Live2Dを使えば動くイラストをつくれるな」と思い出し、以降はLive2Dで動くイラストをつくって投稿するようになりました。

ただ、その頃は今と違って、Live2Dに関する情報は非常に限られていました。X（旧Twitter）で情報を探したり、書籍『Unity5＋Live2D ノベル&アドベンチャーゲーム開発講座』（栗坂こなべ 著）という本を探し出し、購入して勉強しました。情報が少なかった当時、手順を丁寧に解説してくれているこの本は非常に頼りになる存在で、作品をつくりながら何度も読み返しました。

最初の頃は、当時好きだったゲームのシーンをLive2Dで再現しながら、ツールの使い方を覚えていったという感じでした。当時、「CLANNAD」などをリリースしているKeyという美少女ゲームブランドの作品が好きで、作中のシーンをLive2Dでつくったりしていました。

2016年に、Live2D社が主催するイベントに参加しました。Live2Dに関わるクリエイターが集い、講演や展示が行われるイベントなのですが、そこで偶然、自分の好きなゲームのオープニングムービーを制作している制作会社の方に出会いました。その制作会社の仕事に携わってみたいと思いお声掛けしたのですが、幸運にもそれがきっかけでLive2Dの仕事を受注することになったのです。

最初に仕事を受注したのは、まだフリーランスになる前でした。趣味で美少女ゲームをやっていて本当に良かったです。

TANI

Live2D制作実績

なぃとめあさん
（@Mare_ASMR）
ASMR配信モデル。
（イラスト：ねいびさん
（@navy_126））

主にどのようなお仕事をなさっていますか？

企画から関った印象的な仕事

フリーランスになったばかりの頃は、企業からの受注を意識していました。クリエイター登録を募っているデザイン制作会社がいくつかあって、片っ端から登録しました。Live2Dを使えることをプロフィールでアピールしたところ、登録したデザイン制作会社からさまざまな依頼があり、仕事を受注することができました。ちょうどその頃から、世間ではLive2Dを使ったアプリが次々とリリースされるようになりました。有名なタイトルだと「BanG Dream! ガールズバンドパーティ!」などですね。2016年から2017年頃のことです。

一方、最近は、個人のVTuberさんから仕事を依頼されることが増えはじめました。配信用のLive2Dのモデルをつくったり、Live2Dを使った映像制作を請け負ったりしています。

中でも、この記事でも掲載している「なぃとめあ」さんとの仕事は、企画から携わることができ非常に印象に残っています。通常のVTuberモデルの制作だと、出来上がったキャラクターイラストをお預かりして、それにLive2Dで動きをつけるというケースが多いのですが、なぃとめあさんのケースでは、イラストレーターさんにイラストを発注する前の段階から、「こういう動きはできますか？」など、いろいろと質問してもらって、打ち合わせを重ねながら仕事をしていくことができました。今後もそういうような、プロジェクトの大元から携わるような仕事をしていければいいと思います。VTuberモデルにこだわらず、型にはまらないようなプロジェクトを企画している方がいらっしゃいましたら、ぜひお声掛けください。

また、今は東京・新宿にある東洋美術学校という専門学校でLive2Dの講師もしています。Live2Dの基本から実践まで、生徒1人1人に寄り添った指導を心がけています。クリエイティブ系専門学校への進学を希望する方がいらっしゃいましたら、ぜひ一度東洋美術学校のホームページを覗いてみてください。

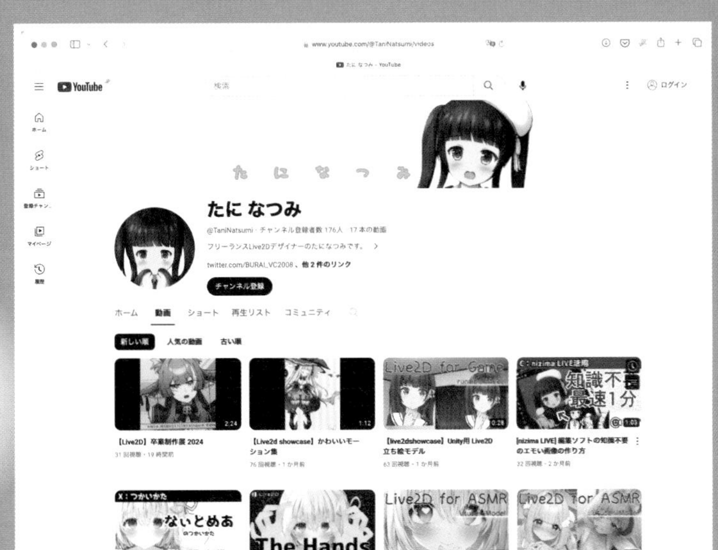

たに先生のYouTubeチャンネルでは、これまでの制作実績のショーケースのほか、Live2Dなどの技法解説も公開しています。

Live2Dデザイナーを目指す人にメッセージをお願いします。

夢中になれることを掛け算する

私がLive2Dデザイナーになった頃は、ちょうどLive2Dの裾野が広がっていくタイミングでした。Live2Dが扱えるだけでも仕事を獲得できた幸運な時代だったといえます。しかし、今の時代、単にLive2Dを扱えることだけを武器にしていくのは、企業に就職するとしてもフリーランスとして活動するとしても難しいのではないでしょうか。

Live2Dに限った話ではありませんが、最近はAIがさまざまなコンテンツを作り出せるようになっています。そんな中、単に人からの指示を受けてツールを使えるというだけの人材は、徐々に立ち回りが厳しくなっていくでしょう。

そんな中で大切になるのは、例えば映像制作が好きだったり、コミュニケーションが好きだったり、プラスアルファの興味やスキルを持っていることです。これから社会に出る人には、ぜひ「夢中になれること」を探してほしいと思います。マンガやアニメの表現で、よく目の中にキラキラマークが出て子供のようにワクワクした表情になるシーンがありますよね。自分がそんな表情になれるものを見つけ出してください。

夢中になれるものは、たくさんあったほうがいいです。1つの趣味・特技だけだとたくさんの個性の中に埋もれてしまうかもしれませんが、複数の趣味や特技が組み合わさって掛け算になれば、それが自分だけの個性になっていくと思います。

また、好きなものに向き合う姿勢は、決して優等生的なものである必要はありません。少し誤解を招く言い方かもしれませんが、優等生的なところから外れた「バカ」なものが意外とウケたりするものです。完璧さを求めるのではなく、なんでも興味を持って挑戦してみることが大切です。

また、クリエイターは、さまざまな経験を積むことが重要です。例えば、私は最近、よく旅行をするようになりました。楽しい経験を重ねることが創作の引き出しになり、自分だけの作品を生み出す原動力になると思います。

TANI

なぜ一級建築士事務所がVRを作るようになったのか？

「積木製作」に聞く、建築CGをベースにしたVRへの昇華

「全産業の未来を設計する」というビジョンを掲げ、VRコンテンツによって各業界から高い評価を得ている株式会社 積木製作。一級建築士事務所がVRコンテンツを作るようになった経緯と、CGのクオリティに対するこだわりを同社の執行役員で最高技術責任者でもある小田桐達哉氏に伺いました。

[Text] 園田省吾（AIRE Design）

はじまりは一級建築士事務所

建築CGパースを作っている会社というと、建築業界を主な取引先として展開しているイメージがありますが、VRを主力事業とする積木製作の取引先の業界は多岐にわたります。では、どのような経緯でVRを展開できるようになったのでしょうか。

積木製作は、代表である城戸太郎氏と城戸氏の家庭教師時代の教え子だった境大輔氏と2人で、2003年に一級建築士事務所として立ち上げました。地道に真面目に、ひとつひとつの積み重ねで応えていく、制作していくという気持ちを込めて漢字の社名にしたそうです。小田桐氏が入社したのは2009年。当時は10人に満たない社員数で、建築CGパースと建築動画の制作がメイン業務でした。

2013年頃、仕事上のつながりがあった株式会社テレビ朝日メディアプレックスと意見交換をしている中で、担当の方がOculus Rift（現在のMeta Quest）を趣味で使っているという話が出ました。そこでVRを知り、可能性を感じた積木製作は2年ほど、本業の傍らで全社を挙げてひたすらVRの研究を続けました。まだ商品化できるかどうか見えない中、CG制作スタッフの1人をVR研究の専任に充てるほどの力の入れ方でした。

もともと建築CGパースを製作していたことから、営業先としては不動産のモデルルームを中心に「VRで内覧をやりませんか」というような提案を行っていました。しかし、当

時はまだVRが一般には浸透しておらず、なかなか受注は取れません。それでもVRの可能性を信じて、研究を続けました。

恐竜とVRの融合が受注作品の第1号

2014年、開局55周年を迎えた株式会社テレビ朝日が「夏祭り」というイベントを開催することになり、同社から「恐竜のコンテンツを作れますか」という打診が。そこで研究の成果を活かし、VRヘッドセットを装着すると目の前を恐竜が歩き回る世界に入るというコンテンツを作りました。それがVRの受注案件としての第1号でした。

恐竜とVRとの相性が良く、かなり評判も高かったのですが、受注案件だったため積木製作としては自由に使うことはできません。そこでオリジナルで作ることを決め、3カ月くらいかけて「恐竜戯画」という恐竜のVRを独自コンテンツとして作り上げ、営業を開始しました。不動産業界や建設業界など、取り引きがあった営業先に「恐竜戯画」を見せてVRの可能性を伝え続けたのです。

お客様に気付かされて誕生した「安全体感VRトレーニング」

オリジナルVRコンテンツという武器を手にすることはできたのですが、相変わらず想定していた営業先から受注は取れませんでした。しかし2015年、「恐竜戯画」を展示中のイベントに来たお客様から「VRを安全教育で使えませんか」と言われたことで転機を迎えます。

危険な工事現場での作業を、VRで作業員に安全意識を持ってもらって事故を防ぎたいというお客様の気持ちが、VRの新たな可能性を生み出したのです。それまで企業の社員研修でVRを使うという発想はなかったのですが、「そういう使い方があるのか」と気付かされ、早速開発に着手しました。

そして誕生したのが2016年にリリースした「建設現場における仮設足場からの墜落」を体験するVRコンテンツ「安全体感VRトレーニング」です。その後、株式会社明電舎の協力を得て、日本で初めてフルCGで安全教育とVRを組み合わせた事例を作りました。

VRヘッドセットを使った没入感のある体験を、ゲームではなくビジネスシーンで活用している事例は国内でも珍しかったため、多くのメディアにも紹介され、たくさんの引き合いをもらえることに。

VRシミュレーションではあるものの、高所から転落するシーンの衝撃が評判を呼び、デモンストレーションは大盛況。「セールス担当はデモのたびに、たぶん1万回くらいは落ちていると思います(笑)」と小田桐氏。

一級建築士事務所だから実現できるクオリティ

「安全体感VRトレーニング」が主力商品になったことで、積木製作は産業系のVRに注力し始めました。その結果、不動産業界や建築業界など従来の取引先に加え、メーカーや医療業界など、それまでは付き合いのなかった業界とも取り引きを始めました。現在、取引先の内訳はほとんどの業界を網羅するほどになっています。

VRを始める前は、建築CGパースを作る能力を重要視して採用していたので、エンタメのCGを作れることは採用判断基準のプラスアルファに過ぎませんでした。しかし、VRが事業の柱になって以降は、さまざまな発展性や可能性が広がったので、何でも作れる人材を求めるようになっています。

とはいえ、積木製作が作るVRと他社のVRとの大きな違いは、一級建築士事務所として蓄積してきた建築CGパースのノウハウが活かせるところ。VR空間を構築する上でお客様から支給される図面を見て形を作れることは圧倒的な強みです。それに加え、CADデータやBIMデータを活用し、点群計測を行ってCGの空間を作るため、VRの中で寸法が違ってオブジェクトを置きづらいなどの問題が発生することがありません。

そして、積木製作の一番の強みは、柔軟に何でもやってみるというところ。お客様に「こういうものを作りたい」という思いがあるならば、CGを使ってできることは多少困難があっても、基本的にやってみようという社風があります。

次のページから積木製作の基幹となっている建築CGパースと現在の主力業務であるVRについて、詳しく見ていきましょう。

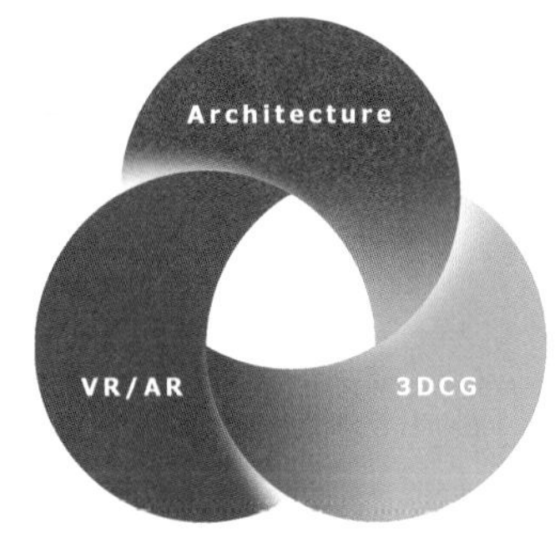

積木製作の事業の概念図。一級建築士事務所をルーおよびアイデンティティとしながら、現在の積木製作は3Dを共通項とした各分野の専門性を活かし、あらゆる業界の顧客の可能性を最大化する企業となっています。

この一枚がすべてを語る。建築CGパース

VRで名を馳せる積木製作も、20年以上作り続けている建築CGパースが会社の基幹となっています。写真と見まごうばかりの美しい絵は、どのようなことをポイントに作られているのでしょうか。

建築CGパースとは

積木製作の基幹となっている建築CGパースとは、2次元の建物の図面を視覚化し、デザイナーの思考を3次元の絵として具現化するものです。図面を元にモデリング、ライティング、テクスチャを作って、レタッチして完成させるまでが仕事になります。

ただ、お客様の図面から建築CGパースを作れるようになるためには、大学の建築学科で学んだ勉強だけでは足りず、実務でお客様の図面を見て経験を積むしかないそうです。

積木製作では、新人研修はありません。基本的には分業化をしていませんので、入社してすぐにゼロから完成まで1つの案件を1人で担当します。いきなり任されると言っても、先輩や上司が逐一指導しますし、会社として作り方のノウハウを持っているので、それに沿って作っていけばモデリングで困ることはありません。

ただし、入社する上では業務上必要なソフトは習得済みという前提です。建築CGパース制作では3ds Maxがほとんどのシェアを占めているので、3ds Maxの操作は必須になります。3ds Maxのシェアが高い理由は、建築CGを作るためのツールが揃っているところです。AutodeskにはMayaと3ds Maxという2つの有名なソフトがありますが、建築CGに関しては3ds Max一択になります。映画などでは、キャラクターはMaya、建物の部分は3ds Maxが多く利用されています。

01 ― 3ds Max でのモデリング作業

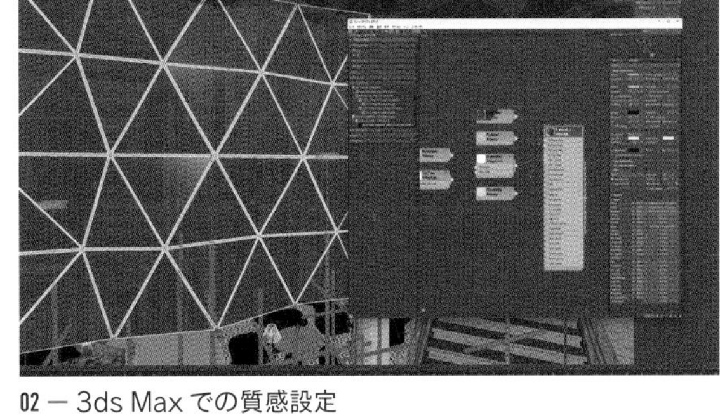

02 ― 3ds Max での質感設定

03 ― 3ds Max でのライティング設定

04 ― 合成

05 ― レタッチ

06 ― 完成

ライティングは物理の法則に従って

建築CGパースは写真と見間違うほどのクオリティが要求されます。現実をシミュレートする上で、ライティングはとても重要。例えば、太陽がいくら明るくても、室内のライトに太陽と同じ値を入れると世界が破綻します。現実を理解し、物理的に正しい数値を入れることが大事。反射率や光の法則など、現実的な物理を分かった上で作ります。ちなみに、建築CGパースでは真夏の光を再現することが殆どだそうです。

クオリティに差が出るのはレタッチ

クオリティに差が出やすいのは、レタッチの工程です。レンダリングして書き出しただけのCGは、フォトリアルなものではありません。そのためPhotoshopを使ってレタッチするのですが、そこに関しては個人のセンスが仕上がりを左右します。光の入れ方ひとつでかなり変わってきます。なので、レタッチに関しては細かく指導することが多くなるそうです。

建築CGパースを引き立たせるために、植物の見せ方も重要です。植物のアセットは3ds Maxに用意されていますが、特徴的な並木道などがあれば現地で写真を撮って使うこともあります。その場合、植物はモデリングせずにPhotoshopで写真を合成します。建築CGパースは、CGで作り込むことが目的ではなく、メインの建築がより映えるように仕上げることが重要だからです。

BIM――積木制作のもうひとつの柱

積木製作では、建築CGパース、VRに加え、もうひとつの柱としてBIM(Building Information Modelling) 事業を展開しています。BIMとは、主に3次元の形状情報に加え、室等の名称・面積、材料・部材の仕様・性能、仕上げ等、建築物の属性情報を併せ持つ建物情報モデルを構築するシステムのこと。従来の2次元の図面では3次元化した後に修正が入ると、2次元モデルに修正を加えた後、関連するすべての3次元図面を修正しなければならず、大変な手間と工数がかかっていました。

それを解消するために、最近では設計者が3次元で作って建築CGパースにすることが増えてきました。BIMのデータから空間設計をしてVRに活用もしています。積木製作のBIMチームは、社内のハブとして他部署と連携することで付加価値を生み出しています。

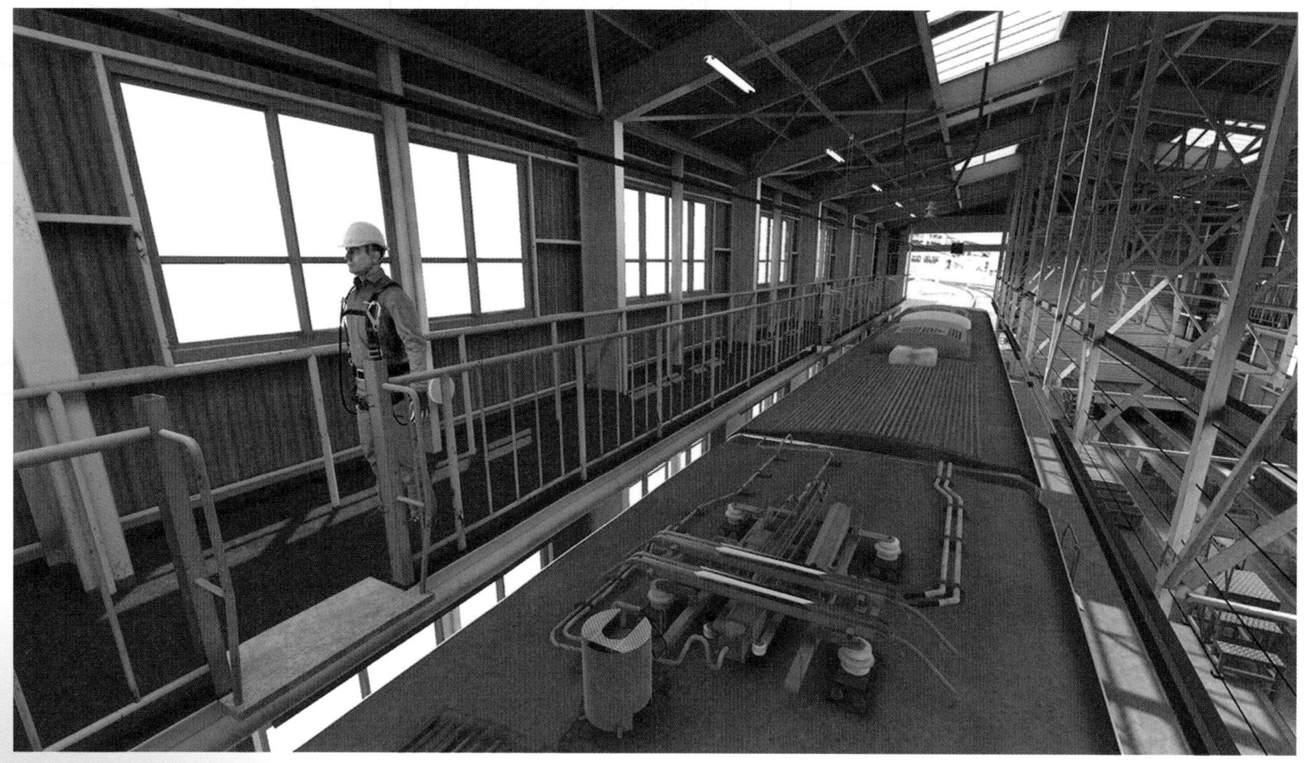

VRは軽い動きとクオリティのせめぎ合い。いかに両立させるのか

いよいよ話はVRの核心に迫ります。スタンドアローン型のヘッドセットで現実の世界を再現するためにはデータ容量を軽くしながら高いクオリティを保たなければなりません。積木製作ならではのこだわりをご堪能ください。

ヒヤリングからのシナリオ作成

まずは依頼があったお客様から、どのような体験をするVRを作りたいか、セールス担当がヒアリングします。その結果、どのようなVRを作ることができるかを説明します。その後、お客様と一緒に仕様書を詰めていきます。これがVRのストーリーに当たる部分になります。

VRは体験する人がいて成立するものなので、どこに立っていて、どこで作業して、どのような事象が起きて、周りからはどのような声がかかるのか、どのような行動をとったら事故になってしまうのか、などを詳細に聞いてシナリオをまとめていきます。

シナリオを作った上で、VRとして制作すべきものを判断していきます。例えば、その現場はどこなのか、VRの中でどのような道具を使うのかなど、CGのオブジェクトとして作る必要があるものを確定させ、それらを明確にした上で取材に向います。

現場での取材

VRでは現場を忠実に再現する必要があるので、お客様の現場を綿密に取材します。まずは360度カメラを使って現場全体をくまなく撮影し、テクスチャの質感を丁寧に再現したい箇所については一眼レフカメラで撮影。撮影したアングルと同じものが、VRの中に同じように存在しなければなりません。そして、レーザースキャナを用いて5メートル間隔で点群計測をします(図01)。写真だけでは角度によってサイズなどがわからないことがありますが、点群ならば正確にCGに反映することができます。取材は基本的に1回限りなので、もれなく撮るように気を遣います。

3ds Maxでのモデリング

それらを資料として、CGを作ります。心がけていることは、作っているCGと現場の写真を見比べて同じに見えるかということ。ここで綿密に取材した撮影データが活きてきます。

なお、VRのCG制作では使うソフトを限定されていませんが、モデリングは建築CGパースと同様に3ds Maxを使うことが多いそうです。ただし、建築CGパースでは3ds Maxで質感をつけてライティングまで行うのに対し、VRでは3ds Maxの作業はモデリングまで。最終的にUnityでシステムを組むことになるので、後はUnityを使った作業になります。

UnityでのCG制作

3ds Maxで作った真っ白いモデルを

Unityに持ち込み、Unityでライティングと質感をつける作業を行います。ちなみに、VRコンテンツを制作するツールとしてはUnityとUnreal Engineで2極化しているのですが、積木製作ではUnityを採用しています。

VRも建築CGパースと同様に、CGのクオリティは高く保つ必要があります。しかし、建築CGパースでは1枚の絵の容量は問題となりませんが、VRの場合は3Dデータがそのままコンテンツに格納されるので、容量が大きすぎると動きが遅くなってしまいます。できる限り容量は小さくしつつ、クオリティは落とさないということが重要になります。

「安全体感VRトレーニング」のVRでは2～3メートルの範囲を歩いて体験する形が多くなるので、その範囲内のオブジェクトと10メートル以上離れたオブジェクトを同じクオリティで作る必要はありません。近いところはできる限り細かく、ある程度離れたところは最低限のレベルで細かく作ればいいのでそれを見極めてクオリティをコントロールしていきます。

ただ、動きを軽くすることだけに注力しすぎると、いくら遠い範囲であってもVRのクオリティが落ちてしまい、リアリティを感じる体験にならなくなってしまいます。日々、そのせめぎ合いが続きます。

VRを再現しているのはスタンドアローン型のヘッドセットなので、Androidアプリレベルのスペックしかありません。その中で高いクオリティを出し、さまざまな展示会でも高い評価を得ているのは、積木製作のみです。システムの中身が分からない人でも、VRのクオリティは誰もがすぐにジャッジできてしまいますので、お客様の評価が一番の強みと言ってよいでしょう。

Unityでのプログラミング

CGができあがったらシステムエンジニアに渡し、そのCGを使ってシナリオに沿ったプログラムを組んでいきます。シナリオの内容は、道具を使って何か作業をしている時に足を滑らせてしまう、などのシーンの再現になります。

システム側では道具をつかめるようにし、その道具を当てたら作業ができるようにします。例えばレンチを回す作業のシナリオならば、持ったレンチを回した回数によって事故が起きる処理をプログラミングします。その時に横を見ていたら回せないが、正しい方向を見ていれば回せるような判定機能を付けます。

CGのモデルそのものはつかめないので、その上にメッシュをつけます。Unityでは「コライダー」と呼ばれる当たり判定に使う透明な長方形の物体を用意し、コライダーを設定した座標にヘッドセットが来たら次のシナリオに移るようにプログラムを書きます。これがUnityでのプログラミング作業になります。

チェックから納品へ

案件によって異なりますが、シナリオを決めるための打ち合わせに1カ月、3ds Maxでのモデリングで1カ月、UnityのCG制作で1カ月、残りの2カ月でシステムを組み上げます。

システムを組み上げる中で、プログラムの一連の流れができたら、全体の仕上がりがレベル1くらいの状態でいったんお客様にチェックしてもらいます。方向性が間違いないか確認してもらいつつ、その時点で出される要望を取り入れながらレベルを上げていきます。そのようなチェックおよび作業を3回ぐらい繰り返し、4回目でほぼ完成となります。

各フェーズにおける丁寧な作業と、蓄積されたノウハウを活かした短納期かつ高いクオリティを実現していること。それが、「安全体感VRトレーニング」をはじめとした積木製作のVRコンテンツが他社の追随を許さない理由になっています。

01 ― 出来上がった点群データ

02 ― 点群データを元に 3ds Max でモデリングを行う

03 ― Unity でライティング、質感をつける

04 ― Unity からコンテンツを書き出した状態

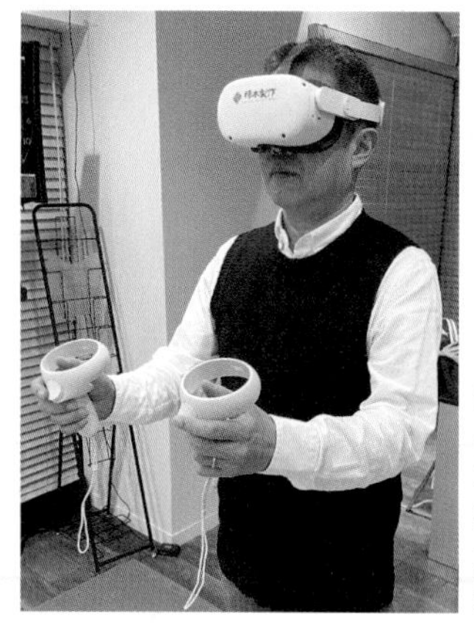

01 ― 安全体感 VR トレーニングの代表作「建設現場における仮設足場からの墜落」を体験する筆者。ヘッドセットとコントローラーを着けて体験開始。

02 ― 目の前は建設現場の屋上。鉄骨の枠組みなど、ヘッドセットの中では細部もよりリアルに見える。表示される手袋のガイドに合わせて部材を掴むと持ち上げて運ぶことができる。

03 ― 部材を持ってくるようにように指示されるので、細い足場を歩いて運ぶ。遠くの風景や隣のビルもリアルなので、この時点ですでに怖くて足が震える。

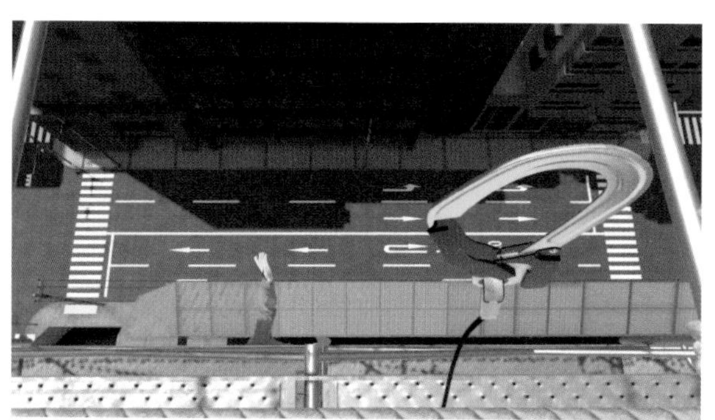

04 ―「渡せ、こっちだ!」と下の階から声が聞こえる。危険だと分かっていながら、その声に煽られて階下を覗き込み、安全帯を着けない状態で渡そうとした瞬間……。

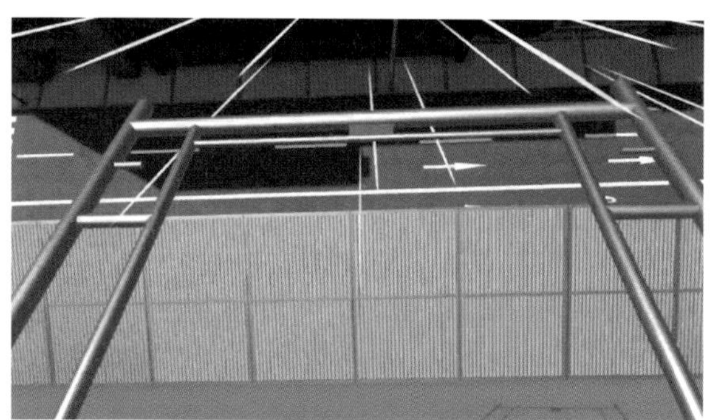

05 ― 持っていた部材もろとも、自分も地上に向かって落ちていく。落ちている間の時間は長かったとも、アッという間とも言えるような、本当に落ちてしまったような臨場感。

06 ― ヘナヘナと膝をついて座り込んでしまった筆者。体験してみて、デモンストレーションルームにクッションが敷いてある理由が分かった。

安全体感VRトレーニングを体験!

デモをセッティングしていただき、筆者も安全体感VRトレーニングを体験しました。執筆時点で47種類のコンテンツが用意されていますが、その中でも最初にリリースされた代表作「建設現場における仮設足場からの墜落」を体験することに。建設現場で気の緩みから引き起こされる事故を追体験することで高所作業に潜む危険性を知り、安全帯装着の重要性を再認識して、安全意識の向上を学ぶコンテンツです。

上図01のようにヘッドセットを着けると、目の前に建設現場の光景が広がります。近いオブジェクトは、より細かく作り込んでいるという話どおり、目の間の鉄骨などは本物と見間違うほどリアルに感じます。部材を両手で掴むと、するっと持ち上げることができました。それを持って、細い足場を歩くように指示されます。遠くのデータは軽く仕上げているという話でしたが、足場の狭さと踏み外したら落下してしまう(と思わせる)恐怖感の方が勝り、遠近でデータの精度が違うことは分からないほどリアルな光景でした。

スピーカーから、下の階へ部材を渡すように急かす指示が響きます。落下するプログラムであることは承知の上でしたが指示に逆らえず、早く渡さなければという気持ちになったのは、映像と同じくらいに音声もリアルだったからかもしれません。とにかく渡そうと階下の作業者に手を伸ばした瞬間、「あー!」という声がして、部材を持ったまま自分自身も地面に落下していきました。VRであることは分かっていながら、本当に落ちたかのようなショック……。実に有効なトレーニングであることを実感しました。

積木製作で求める人材。会社として目指すもの

最後に。積木製作が求める人材を聞きながら、CGの勉強法、入社後の教育方針、会社として目指す方向などを伺いました。

積木制作が求める人材

現在、社員は約30人でCGチームは10人、セールス3人。その他、役員、アルバイト、アシスタントなど合計で約40人が在籍しています。CGチームは建築CGパースが4人、VRが6人という構成です。

建築CGパースは先述したとおり、図面を読んでCGを作れるようになるには、建築CG会社で経験を積むしかありません。では未経験で採用面接をパスするにはどうすればいいのでしょうか。

小田桐さんによると、「CGのクオリティを上げること」その一言に尽きるとのことです。建築CGパースであれば、ライティングの美しさと、どこまで細かくテクスチャを仕上げているかを見て判断するそうです。CGを作るセンスはその人が持っているものであって、会社から与えられるものではありません。人に見せた時に「このCGはきれいだ」と思わせるようなCGを作れるかということが鍵になってきます。

建築CGパースは夏の晴れた日のシーンがほとんどという話がありましたが、それを逆手にとって曇りのシーンをきれいに描くことも一つの方法かもしれません。雨のシーンは濡れた地面で反射の効果を使えますが、曇りでは太陽の光も濡れによる反射も使えませんので、その人が持っている腕とセンスが問われるからです。

VRを希望する場合も、もちろんCGのクオリティは高いものを求められます。認められるポートフォリオのポイントを、小田桐さんに伺いました。「検索すれば、きれいなCG作品はいくらでも出てきます。それと見比べて足りていないと思うレベルであれば入社試験に合格することは難しいと思います。検索したきれいな絵を自分のCGの技術で模写してみることが大事です。我々もよくやっていましたが、建築雑誌に載っているきれいな実際の建築写真を見ながらCGで同じ見た目に作れるかどうか。センスはその人が持っている情熱によります。持っていれば磨くことができます」とのことです。

積木制作の人材教育

基本的にCG制作のスキルは持っている前提で入社してもらっているので、建築CGパースもVRもひとつの案件を一通りやってもらいます。究極のOJTです。VRでは先輩が取材に同行しますが、写真を撮るところは任せます。「自分がCGを作ることを念頭に置きながら、どういう写真を撮らなければいけないかを考えるように」という指示は出します。

ただ、慣れないうちは取材から戻ってから、いざCGを作る時に「こういう写真も撮っておけばよかった」ということがあります。そういう経験の蓄積によって、取材で撮るべき写真がわかってきます。写真が足りていればテクスチャの再現などの作業も効率良くできます。

取材で撮れていない箇所があったら、頑張って自分で作らなければなりません。なので、次回からそういうことがないように、きちんと押さえるべき写真を撮るようになります。360度カメラで全体を撮っているので、一眼レフカメラで撮れていない箇所があっても補えるのですが、CGで再現するのに時間はかかります。余計な時間をかけないように、次からはCGで作る箇所は必ず撮るようになっていきます。

積木製作が目指す方向

積木製作が建築CGパースだけを事業としていた頃は、全業界からCGの依頼を受けることは想像していませんでした。これからはVRというツールを通して、今まで以上にさまざまな業界にCGを提供する機会は増えていくと思います。それほど、VRの登場と普及は大きなできごとでした。今後はVRの安全教育だけでは　なく、操作マニュアルをAR、MRで表現するなど、VRから広がりを見せた動きも進められています。

そして、メタバースを利用して複数の体験者が同じ作業を分担し、役割分担をして進めていく中で誰かが間違えてしまうと全員が被災するような体験システムも制作しています。メタバースという言葉がもてはやされた時期は、空間を作ってコミュニケーションすることだけに終始していましたが、VR空間に複数の人が集まって作業による研修ができるようになれば、より実用的な体験が可能になります。研修施設に集まらずに遠隔地からの参加も可能。施設使用料、交通費、宿泊費などの経費は必要なくなり、リモート会議の感覚で複数人の共同作業研修ができます。さらに、医療系コンテンツでは医師、看護師など立場や役割が違う人たちが集まってトレーニングを行うことも。

「CGを使ってできることは基本的にやってみよう」という社風が新しいものを生み出します。その積み重ねがノウハウの蓄積に繋がり、次の新しいコンテンツを生んで、全産業の未来を設計する原動力となっていくのです。

自分が「きれい」と思う写真を、CGで模写してみましょう!

お話しいただいた方

株式会社 積木製作
執行役員 最高技術責任者
小田桐達哉 氏

BIM(ビム)&CAD(キャド)&PLATEAU(プラトー) その進化とこれから

『Kviz』(https://www.kviz.jp/)は、株式会社Tooが運営する建築ビジュアライゼーション業界に特化した情報メディアです。ビジュアライゼーション制作(パース・VR・AR・xR・動画制作など)に必要なデジタルツールの紹介と、先端的な取組みやイベントの紹介などを主に行っています。本稿では、Kvizのコンテンツを再編集し、BIM、CAD、PLATEAUの基本についてご紹介。まずは、BIMとCADについて。

[Text]園田省吾(AIRE Design)

■ 建築BIMとは

最初に、建築BIMについて説明します。建築BIMとは、国土交通省が2019年に発表した「建築BIM推進会議」と、2022年創設の「建築BIM加速化事業」において使われた名称です。そのため、建築BIMとBIMに用語的な違いはありません。

BIMは「Building Information Modeling(ビルディング インフォメーション モデリング)」の略称です。BIMは、コンピュータ上に作成した3DCGのデジタルモデルに、コストや仕上げ、管理情報などの属性データを3DCGの建築物のデータ上に反映させる技術です。建築の設計や施工、維持管理まで、あらゆる工程に必要な情報活用を行うためのソリューションであり、建築分野における新しい技術として注目されています。

■ CADとは

CADとは、「Computer Aided Design(コンピュータ エイデッド デザイン)」の略称です。「コンピュータ支援設計」という意味で、コンピュータで設計ができるツールのことを指します。簡単に言うと、設計現場で手書きで作っていた図面をコンピュータ上で再現したもののことです。

また、CADには大きく分けて「2DCAD」と「3DCAD」があります。2DCADはその名の通り、2Dデータの図面を作成するCADのことです。従来紙で行っていた製図をコンピュータ上で行うため、簡単に修正や書き直しができるというメリットがあります。

一方で、3DCADは3Dデータの作成を行うCADのことを指します。2Dで行っていた図面作成をコンピュータ上で3D空間で表現し、立体的に構築していきます。施工前に3Dモデルで建築物を見ることができるため、具体的にイメージしやすいというメリットがあります。

また、3DCADは作成した3Dモデルから必要な視点の図面(平面図や断面図など)を2Dで切り出すことができるため、2DCADの機能を内包していると言えます。

■ 建築BIMとCADの相違点

まずは簡単に前提から説明します。1963年に誕生したCADに対してBIMの誕生は2007年であり、その歴史には40年以上もの差があります。そのため、「BIMの方が新しい技術である」ということは頭に入れておいてください。

2DCADとBIMには、下の画像に示した通りいくつかの相違点があります。ここでは、「設計」、「施工」、「維持管理」の3点に分けて、それぞれの段階での両者の違いを説明します。

■ 設計

2DCADでは、各種図面を個別に作図し、仕様は別の図書で管理しています。そのため、変更反映や整合確認で手間が発生しています。一方BIMでは、データを一元化することで不整合の無い図面・集計表の出力が可能です。そのため、2DCADで発生していた図面などの更新に関する手間を削減することができます。

また、面積算定などの自動化による設計作業の効率化、空間の可視化やシミュレーションによる合意形成の早期化などもBIMの特徴として挙げられます。

■ 施工

2DCADの場合は、完成した設計図をもとに再作図が必要なため二度手間になってしまいます。BIMの場合は設計情報と連携した施工図・製作図の作成ができるため、2DCADで発生する二度手間が無くなり、手戻りを大幅に削減することができます。また、BIMと連動したデジタル工作機械や施工ロボットを活用することで、施工の効率化も図ることができます。

■ 維持管理

2DCADでの各種記録は、それぞれを個別に作成・管理しています。そのため、履歴管理などの業務において手間が大きくなってしまいます。一方で、BIMでは維持管理情報をリアルタイムに集約管理することができるため、手間を大きく削減できます。

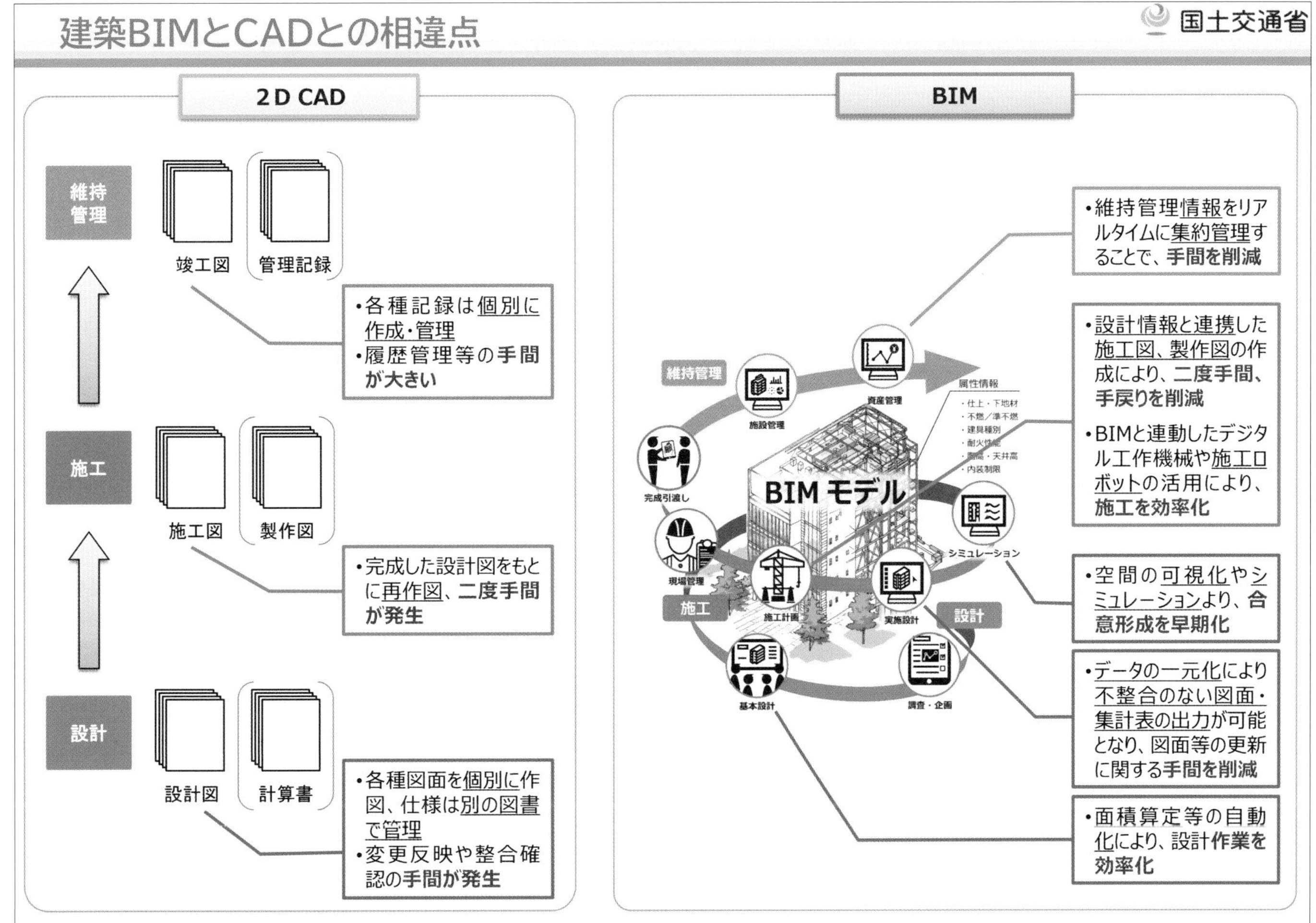

建築BIMとCADの相違点　引用元:国土交通省『建築BIMの意義と取組状況について』(https://bim-shien.jp/)

BIMのメリットとデメリット

建築工事を行う上で重要な役割を担うBIMですが、導入するメリットもあればデメリットも存在します。まずは、メリットを3つに絞って説明します。

① コスト削減

各種シミュレーションをスムーズに行うことで設計初期段階での検討を容易にし、作業ミスを軽減できます。それにより工数を減らすことができ、コスト削減が可能です。

② コミュニケーションの円滑化

3DCGによって分かりやすくビジュアライズしてから共有することで、施工主や各関連事業者間の情報共有を円滑にします。そうすることで、要所での必要な各種意思決定を迅速にします。

③ 作業効率の向上

上記2点の掛け合わせですが、施工前に情報を共有することで作業ミスと工数を減らすことができ、各部門や事業者間でのコミュニケーションを円滑にすることで打ち合わせ時間を短縮できます。結果的に、ワークフロー全体の作業効率を向上させます。

次にデメリットですが、こちらも3つに絞って説明します。

❶ 導入コストの高さ

BIMを実現するソフトは、当然CADのソフトよりも高額です。導入の際には、必要台数の確保やBIMソフト専用のパソコンの準備などがあり、経費や予算をベースに導入コストを考える必要があります。

❷ 人材確保の問題

BIMのソフトを操作できる技術者の育成、確保は簡単ではありません。BIMを導入するとなると、技術者の確保とBIMを操作できる人材の教育が必要です。

❸ 設計段階での使用に時間がかかる

BIMの3Dモデルを作成するには、2Dの図面を作成するよりも時間がかかってしまいます。BIMモデルを作るためには建具などの細かいパーツの3Dモデルが必要なため、プロジェクトの最初期にはそれらを作成するための時間が必要になります。

[BIMには属性情報も含まれる]

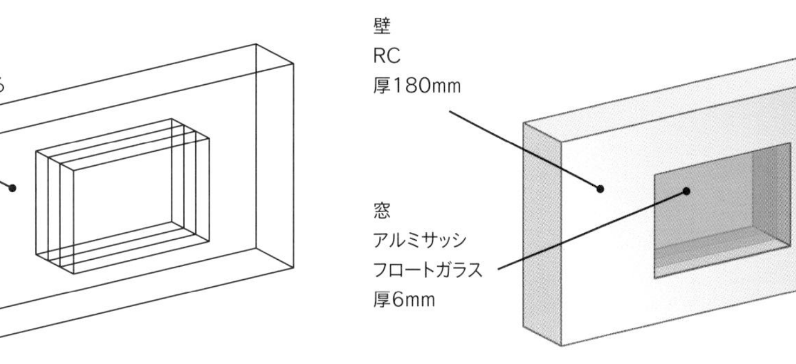

なので!
△各種シミュレーションがスムーズ
△ビジュアライズして共有可能
△作業効率が向上!

しかし……
▼導入コストが高い
▼技術者確保や教育が難しい
▼時間がかかる

BIMを実現するソフト『Revit』

BIMを作成するには、専用のソフトが必要です。今回は、それら専用ソフトの1つである『Revit(レビット)』を紹介します。

Revitは、BIMソフトの代表格として世界中で高いシェアを誇っているAutodesk社製のソフトです。「Autodesk社製のCADソフト」には『AutoCAD』がありますが、Revitは「Autodesk社製のBIMソフト」という位置付けになります。

Revitは、意匠設計者に役立つのはもちろん、構造や設備の設計者もダイレクトに設計を担当することを可能にしています。従来の、意匠設計者が作成した図面をもとに構造や設備の設計者が別のソフトで設計を行うというフローを無くすことで、工数や打ち合わせ数を減らし、プロジェクトを円滑に進めることができます。

Revitでは、1つのマスタープロジェクトモデルを各設計の専門家ごとにコピーを作成することで、元のデータと同期できるワークシェアリングが可能です。つまり、同じBIMモデルに複数人が同時にアクセスして、変更や修正を加えることができます。ワークシェアリングは、各設計者が作業する範囲をワークセットで設定できますし、元のデータに加えた変更を許可できる管理者も決めることもできます。そのため、同じエリアを作業していたとしても安心して利用できます。

また、マスタープロジェクトモデルをクラウド上に保存することで、離れた場所同士でも連携が可能です。リアルタイムで使えるチャット機能もついているため、遠隔地でのコミュニケーションにも困ることはありません。

Revitには、Autodesk社製の他のソフトとの連携ができるというメリットがあります。都市設計などの広範囲で利用できるCIMソフトの「CIVIL 3D」や、「INFRAWORKS」から2D作図ソフトの「AutoCAD」まで、様々なAutodesk社の製品と連携できます。

これらのAutodesk社製のソフトを既に利用しているのであれば、Revitをきっかけに BIM導入を考えてみてもいいかもしれません。

BIMとデジタルツイン

VRやAR、MRを複合した新しい技術『デジタルツイン』という言葉を聞いたことがあるでしょうか？

デジタルツインとは、読んで字のごとく「デジタルの双子」を意味しています。この双子とは、「仮想空間」と「現実世界」の2つのことを指しており、この2つの空間を相互的に作用させているものが「デジタルツイン」になります。言い換えると、現実世界の物体などの構造物を、仮想世界にそのままデジタルデータで反映させる技術となります。

これだけの説明だと、VRやARなどの技術との違いがわかりずらいですが、決定的に違うのが「現実世界」を「仮想世界」に複製しているという点です。つまり、現実世界に対して、デジタル空間上にある並行世界（パラレルワールド）ということです。

建造物を解体するシーンをイメージしてみましょう。デジタルツインの仮想世界にある建造物を先に壊すことで、倒れる方向は正確か、ガレキが飛び散らないかなど、崩れ方のシミュレーションができます。

デジタルツインの用途は大きく分けて3つあります。ここではわかりやすく、内容を建築業界に絞って説明していきます。

① アーカイブとしての役割

例えば、街をデータ化することで後世の人が過去を知ることができたり、災害が起きた時にデータを元にして復旧や修復をしやすくなります。

② リアルタイム性

つまり、今現在における活用です。今この瞬間の交通量を把握することで、自動運転車やカーナビゲーションにおいて、混雑を避けた最適なルートで移動できるようになるなどの用途が挙げられます。

③ 未来予測

例えば、台風情報を受けた際に、街のインフラを守るためには何をすべきか、予測をもとにデジタルツインを用いて、より効果的で実践的な事前対策を行うことができます。時には記録媒体として、時には近未来を予測する媒体として、過去、現在、そして未来のすべての時間軸において多面的に機能を発揮していくことでしょう。

BIMとPLATEAUの連携

PLATEAU（プラトー）とは、国土交通省が進める3D都市モデル整備のためのリーディングプロジェクトです。都市活動のためのプラットフォームとしてオープンデータを公開することで、誰もが都市データを自由に利用できるようにすることを目指しています。すでに、一部のビジュアライゼーション化した3D都市モデルのオープンデータは、国土交通省によって開示されています（次ページ参照）。

そのPLATEAU上にBIMデータを連携することによって、現実の建築物でのサービスの享受ができるなど、さまざまなメリットがあります。

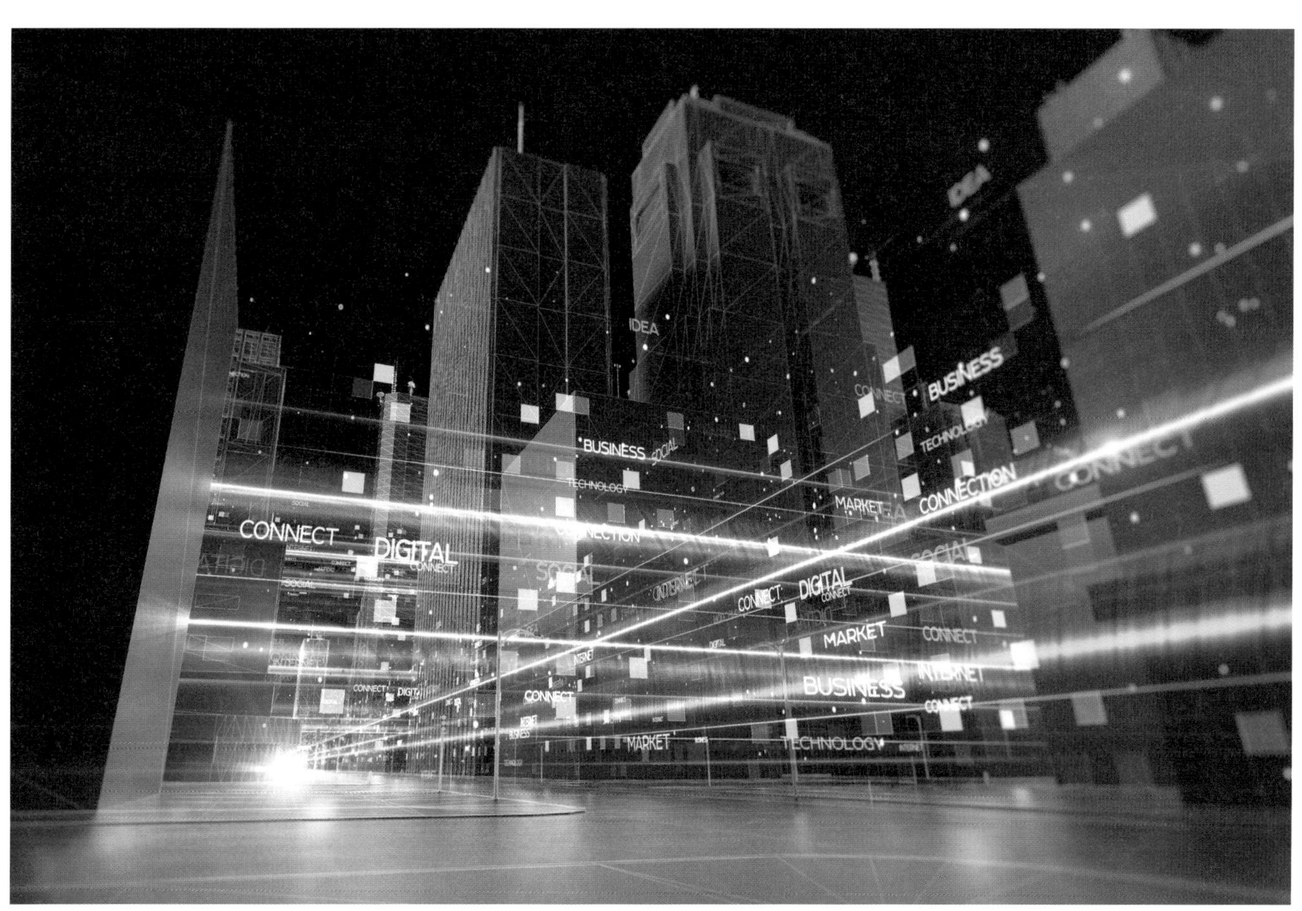

仮想データを仮想空間内で反映させて都市構造を考えるデジタルツインの世界観

PLATEAUとは何か？

国土交通省が進める3D都市モデル整備の
リーディングプロジェクトの「PLATEAU（プラトー）」。
既に一部の3D都市モデルはオープンデータとして国土交通省によって開示されていて、
建築BIMや都市開発、建築DXとの親和性の高さからも注目を集めています。
今後の新しいビジネス・サービスの創出にも大きく関わるであろう
PLATEAUについて紹介します。

■ PLATEAU（プラトー）とは

PLATEAUとは、国土交通省が進める3D都市モデル整備のリーディングプロジェクトです。都市活動のためのプラットフォームとしてオープンデータを公開することで、誰もが都市データを自由に利用できるようにすることを目指しています。すでに、一部のビジュアライゼーション化した3D都市モデルのオープンデータは、国土交通省によって開示されています。技術的には「デジタルツイン」と同様であり、都市単位でデジタルツインを作成していくようなイメージです。

PLATEAUを推進する目的の1つに、スマートシティをはじめとしたまちづくりのDX（デジタル・トランスフォーメーション）によって、人間中心の社会を実現することが挙げられます。また、2022年度には推進の一環として「都市空間情報デジタル基盤構築支援事業」が創設されました。地方公共団体における3D都市モデルの整備・活用・オープンデータ化を推進するための補助制度であり、今後も多岐にわたる活用が期待されています。

■ PLATEAU × BIM

PLATEAUの3D表現は、都市レベルの規模ではありますがBIMをGoogle Earthで再現するようなイメージです。そのため、BIMの活用・連携はPLATEAUを推進していくうえで必要不可欠となります。

PLATEAUは、オープンデータを提供するだけではなく、3D都市モデルのユースケース開発にも力を入れています。地方自治体や民間企業、大学、研究機関などと組んで実験を重ねていくことによって、ユースケースを蓄積しています。その1つのケースとして、PLATEAUとBIMの統合が挙げられます。

PLATEAUの3D都市モデルに建物のBIMデータを取り込み、バーチャル空間を構築しています。BIMデータの一部である災害発生時の人の動きなどをシミュレーションすることによって、災害時の適切な避難方法を検証することも可能です。

■ 不動産IDとは

不動産IDとは、不動産登記番号（13ケタ）に特定コード（4ケタ）を足した17ケタの番号で構成される不動産を特定することができるIDのことです。不動産IDには不動産の売買や賃貸、管理やインフラ整備などにおいてさまざまなメリットがあり、浸透することで発展的な利用が期待されています。その一方で、個人情報保護法との関係もあるため、法整備などが課題として挙げられています。

不動産IDは、PLATEAUに代表される「建築・都市のDX」の推進においては、情報連携のキーになります。共通コードである不動産IDの社会実装を加速するためには、官民連携プラットフォームの設置が必要です。各分野でのユースケース展開に向け、実証実験や不動産IDの確認システムの技術実証を実施していくことが今後重要になると考えられています。

■ PLATEAUを触ってみよう

PLATEAUの3D都市モデルデータは開示されているため、ブラウザでプレビューができます。実際にどのようにプレビューできるのか見ていきましょう。

https://plateauview.mlit.go.jp/にアクセス

データセットを選択してシーンを追加する

マップに建物のデータが表示される

建築物を選択して詳細情報を表示する

建造物をテクスチャ付きで表示する

データセットの追加や非表示

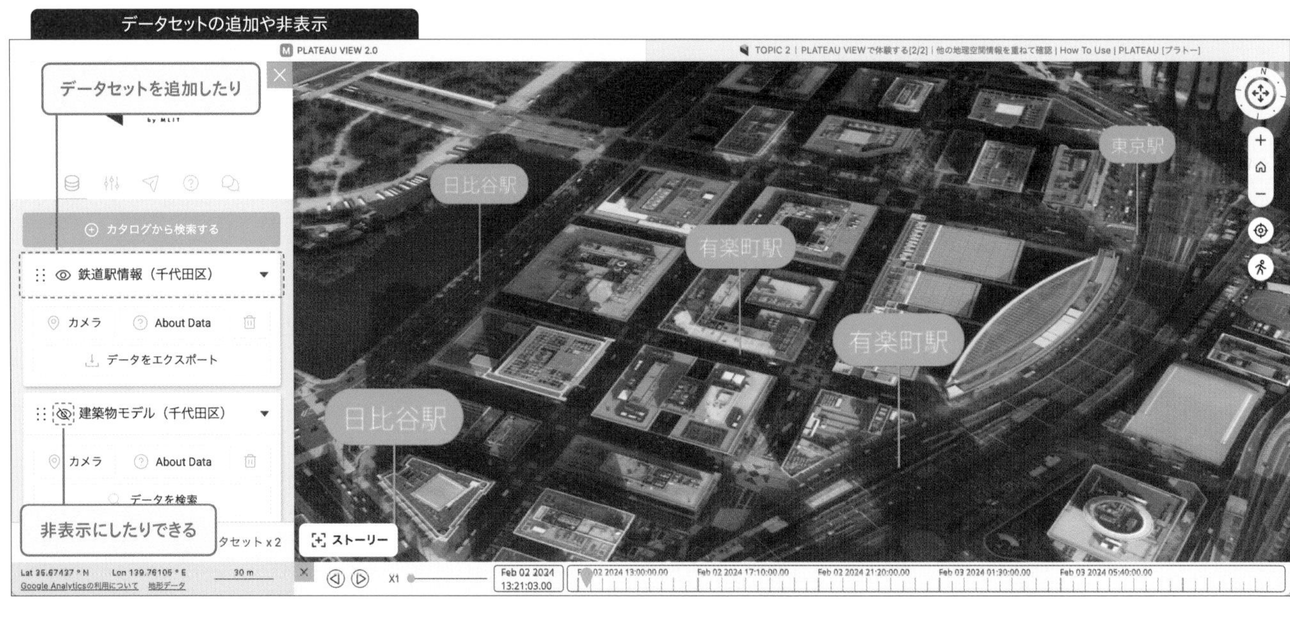

建築業界で使用されているソフトウェア

建築向けのソフトウェアは、基本の2D作図やドキュメント作成などの機能に加え、建築設計やインテリア設計に便利なツールやオブジェクトが備わっています。近年ではBIMを取り入れ、プレゼンテーション向けの3DモデルにVR技術を取り入れたものや、建物の情報データを図面設計や施工管理に活用する流れも起きています。ここでは、建築設計に携わる技術者の方々が知っておきたいソフトウェアについてご紹介します。

[Revit]

■実際的な調整の取れた設計に重点を置く、多分野対応の BIM ソフトウェア。

■構造・設備にまで強く、ゼネコン志向の強いBIM。

■各社ソリューションとの高い連携性も特徴。

[Archicad]

■あらゆるサイズのプロジェクトとチームを支える。

■意匠設計者の方に人気のアトリエ志向BIM。

■チームでの共同作業、Windows／Mac対応など豊富なコラボ環境を重視。

[Vectorworks]

■図面やBIMやプレゼンまで機能を幅広く網羅。

■店舗や展示場、舞台の設計など空間デザイン分野で人気。

■Windows／Mac対応、機能性重視のオールマイティなCADツールパッケージ。

[AutoCAD Plus]

■正確な2Dおよび3D図面の作成に利用できる、コンピュータ支援設計(CAD)ソフトウェア

■業種別ツールセットで時間を短縮Webアプリとモバイルアプリによるシームレスな接続

[Rhinoceros]

■意匠、概念設計やモデリングをするための自由曲面表現に優れた3次元モデラー

■卓越した自由曲面の制御

■Windows／Macに対応、豊富なデータフォーマットもサポート

[Enscape]

■設計ワークフローを高速化するリアルタイムビジュアリゼーションツール

■あらゆるBIM・モデリングソフトに対応

■高品質な 3D ウォークスルーで設計意図を明確に伝える

■豊富なアセットライブラリで、簡単にアイデアを可視化

[Twinmotion]

■Unreal Engineをベースとした3Dビジュアライゼーション ソフトウェア

■直感的なアイコンベースのインタフェースで強力なUnreal Engineを活用

■1回のセットアップですべてのメディアをサポート&生成

[Lumion]

■直感的かつリアルタイム性に優れたレンダリングソフトウェア

■より自然なイメージを作成するための追加エフェクトが豊富に搭載

■簡単な手順でカメラポジションを設定でき、印象的なカメラアニメーションを素早く作成

[3ds Max]

■ビジョンを詳細なディテールまでモデル化

■高品質なシーンのレンダリング

■作業をスピードアップして納期を守る

[V-Ray for 3ds Max]

■レイトレーシングによるレンダリングソフトウェア

■あらゆるタイプのプロジェクトを処理する圧倒的能力

■世界中の建築ビジュアリゼーション系企業と多数の映画で使用

[Metashape]

■静止画像から高密度なデータ生成が可能

■高精度ポリゴンモデルとDSM再構築により、面積や体積の正確な計測を保証

■処理時間を効率的に短くするネットワーク処理

[Character Creator]

■キャラクターアセットを簡単に作成、インポート、カスタマイズ可能

■モデリング時間を節約し、高品質の3Dキャラクターを簡単に作成

■ベースとなるプリセットを無料で内蔵

上記掲載のソフトウェアのご購入・お問い合わせは、株式会社Too クリエイティブアカウント部(dms@too.co.jp)までお願いいたします。

建築ビジュアライゼーション業界に特化した情報メディア『Kviz』(https://www.kviz.jp/)は株式会社Tooのコンテンツです。

VTuberになるなら? CGを仕事にするなら?

PCマシン&パーツの選び方

クリエイターにとって高性能なPCは必須アイテムといえますが、どの製品を選べばよいのか悩んでいる方も多いのではないでしょうか。ここではVTuberから本格的な動画編集まで、用途に合わせたPCの選び方を紹介します。

クリエイター向けPCを選定するための基礎知識

最適なPCを選定することで作業時間短縮や品質向上を実現

デジタルクリエイターを目指すのならば、相応の"道具"を用意することが重要となります。RPGで例えると、初期装備で魔王を倒すような縛りプレイをしているのなら別ですが、基本的には強い武器を手に入れて冒険の旅を進めていくのが効率的です。同様にVtuberや本格的なクリエイターになるための冒険においては、強いPCを手に入れることが夢を叶えるための第一歩といえます。

"強いPC"の定義は、目的や用途によって変わってきます。多くのPCメーカーはクリエイター向けPCを販売しており、この選択肢ももちろんアリなのですが、自分の用途に求められる機能やパーツをしっかり理解してから最適なPCを絞り込んでいけば、ムダなコストをかけずに快適な作業環境を構築できます。例えばVtuberになりたい場合、本格的な動画編集が行えるハイエンドPCはオーバースペックな可能性があり、価格と性能に見合う恩恵を得られないケースも少なくありません。逆にエントリーモデルのPCを選んでしまうと、作業にかかる時間が長くなるだけでなく、作品の質も低下してしまう事態を招きかねません。このため、クリエイター向けPCに、用途に応じて必要なスペック(パーツ)を理解するところから始めるのが目的達成の近道となります。

まずは重視すべきパーツを理解 BTO PCはパーツ選択も可能

クリエイター向けPCで重視したいパーツとしては、CPU、メモリ、ストレージ、GPU(グラフィックボード)などが挙げられます。これらはPCの処理性能に直結するパーツであり、スペック表で確認すればどれだけ"強いPC"なのかを確認できます。次にインターネット通信周りのパーツ(無線LAN/有線LAN)や動画配信に欠かせないカメラ/マイク/スピーカーといったパーツ、さらに周辺機器との接続に使うインターフェイスの確認も大切です。用途によってお金をかけるべきパーツは異なり、例えば3DCG作成用途では高性能マイクやWebカメラの優先度は高くありません。重視すべきパーツを把握できれば、スペック表から最適なPCを選び出せるようになるはずです。

PCの選定にあたっては、量販店で販売されているメーカー製PCに加え、BTO(Build To Order)PCも視野に入れましょう。BTO PCではPCを構成するパーツをある程度選択することができ、必要なスペックを満たしたPCにカスタマイズできます。出費をある程度抑えながら快適な作業環境を実現したいのならば、ゲーミングPCをベースにBTOでパーツを選定していく方法もオススメです。また、性能重視、拡張性重視の場合はデスクトップPCが適していますが、外に持ち出して作業したいという場合はノートPCを選ぶという選択肢も有効です。

[目的が明確化していれば、カテゴリを絞り込んでPCを選定できる]

入門用としてコストと性能のバランスに優れたPCが欲しい	3DCGの作成や動画編集などを快適に行えるPCを使いたい	機動性重視、外出先でも快適に作業ができるPCが必要
▼	▼	▼
ゲーミングPC	クリエイターPC(デスクトップ型)	ゲーミングPC クリエイターPC(ノート型)

PC MACHINE & PARTS

スペック表からPC選択でチェックすべき8つのパーツ

1 CPU

▶P.87

2 メモリ

▶P.88

3 ストレージ(SSD／HDD)

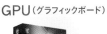

▶P.88

4 GPU(グラフィックボード)

▶P.88

5 無線LAN／有線LAN

▶P.88

6 カメラ／マイク／スピーカー

▶P.89

7 インターフェイス

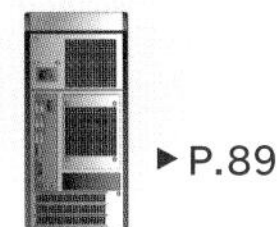

▶P.89

8 電源ユニット

▶P.89

1 CPUは世代やブランド、動作クロック、コア数に注目

CPUはPCの頭脳といえる重要パーツで、3DCGや動画編集といった用途で使いたいのならば、高性能なCPUを搭載したPCを選択する必要があります。現行のPCのほとんどはインテルのCoreプロセッサ、またはAMDのRyzenプロセッサが採用されていますが、世代やシリーズによって同じブランドでも性能が違ってきます。たとえばインテル Core i7はCore i5より高性能(かつ高価格)という位置付けですが、最新世代のCore i5は古い世代のCore i7よりも性能が高い場合もあります。CPUの世代は型番から確認することができます。

また、CPUではコア数／スレッド数と動作クロック(周波数)も確認しておくことが大切です。コア数／スレッド数が多ければ、マルチタスク(複数のアプリを同時に動かす)が快適に行え、動作クロックが高いと処理速度が向上します。どちらもPCのスペック表に記載(動作クロックの単位は「Hz」)されているので、快適に作業したいのならば、コア数が多く動作クロックが高いCPU、インテルならばCore i7やCore i9を搭載したPCを選択するのがベター。とはいえ、高性能なCPUは価格も高いので、まずはミドルレンジのCore i5から始めるというのもアリです。

コストと性能のバランスに優れたAMD Ryzenプロセッサも魅力的な選択肢といえます。こちらも3／5／7／9といったシリーズがあり、数値が大きいほど高性能です

クリエイターやVtuber向けとしては、Core i7やCore i9といったハイエンドのCPUがオススメです。最新世代のCPUを搭載したPCを選びましょう(インテルCore i プロセッサの世代確認方法は下を参照)

インテルの最新CPUでは「Core Ultra」シリーズが登場しました。世代もリセットされるので現行製品が第1世代となります

インテル Core i プロセッサの型番から世代を確認

▶▶▶ Intel® Core™ i7 14700F

ここが世代

ブランド名　シリーズ名　プロセッサナンバー

2 メモリはどれだけの容量が必要？

PCのパーツを作業スペースになぞらえると、メモリは“机”としての機能を持っています。つまり大容量のメモリ=広い机で作業が行えるというわけで、作業の快適さに直結する重要パーツといえます。複数のアプリを同時起動してマルチタスクで作業するといった場合は、CPUの処理能力だけでなくメモリも大容量にしておく必要があるでしょう。一般的なメーカー製PCでは8～16GBが主流ですが、クリエイター・Vtuber用途ならば「32GB以上」あると安心です。ノートPCの場合は増設不可の製品がほとんどなので、できれば32GB以上のメモリを搭載した製品を選択するようにしましょう。

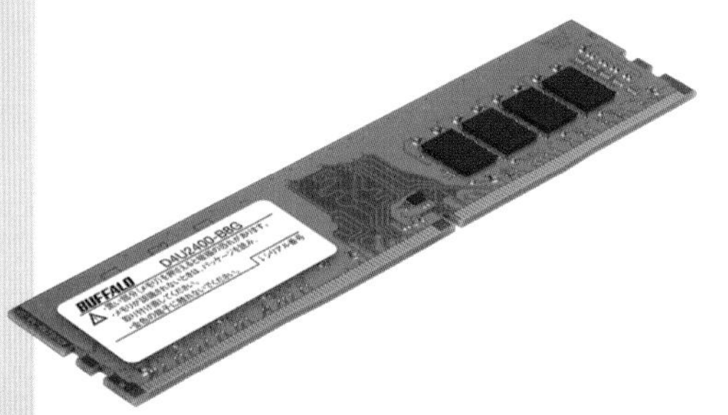

メモリ(RAM)にも複数の規格が存在します。現行PCでは「DDR4」が主流ですが、最新モデルではより高速な「DDR5」に対応した製品も出てきています。メモリを増設する際にはPCが対応する規格を選ぶ必要があります

3 ストレージは M.2 SSD一択

データの保管庫となるのがストレージです。メモリが机の役割であれば、その机の引き出しに相当します。4K動画データを扱うような場合、ストレージ容量が少ないとすぐに引き出しがいっぱいになってしまうので、1TB以上積んだPCを選択するのがオススメです。またストレージは大きくHDDとSSDの2種類があり、昨今のPCではSSDが主流となっています。以前はHDDが大容量かつ安価、SSDがアクセスは速いが高価といった棲み分けでしたが、近年ではSSDの価格も下がっています。SSDは静音性に優れ、振動にも強い特性を備えているので、特にノートPCを選ぶのならばSSD採用モデルがベターです。

SSDには「SATA」「mSATA」「M.2」といった規格の製品があり、高速にデータをやり取りできるNVMe対応のM.2 SSDがクリエイターPCの主流となっています

4 3Dや動画を扱うならGPUにお金をかけよう

GPUは映像処理に特化したプロセッサで、グラフィックボードに搭載されているほか、CPUに内蔵されている場合もあります。映像を扱うクリエイター・Vtuberにとって極めて重要なパーツであり、高性能なグラフィックボードを搭載したPCを選ぶと、作業の快適度は飛躍的にアップします。GPUの性能を重視するのならば、ゲーミングPCも非常に有効な選択肢といえます。ただし、ハイエンドのGPUはかなり高価です。現在は、NVIDIAのGeForceシリーズやAMDのRadeonシリーズが主流ですが、3Dなど重い処理を想定していないのならば、インテルのCPUに内蔵されたGPUでも快適に作業できるケースもあります。

GPUもエントリーからハイエンドまで幅広いモデルが用意されています。NVIDIA GeForceシリーズを例にすると、動画配信なら「GTX 1660」、本格的な動画編集ならば「RTX 4080」など、用途によって選択肢は変わってきます

5 インターネット回線速度も超重要

Vtuber向けならば、CPUやメモリといったPCの処理性能に直結するパーツだけでなく、ネットワーク環境にも目を向ける必要があります。どれだけ高性能なPCがあっても、通信速度が遅ければ快適な環境は実現できません。基本的には自宅や職場のインターネット接続環境による影響が大きいのですが、PC選定にあたっては有線LAN、無線LANの規格に注目しましょう。有線LANなら「1000BASE-T」「10GBASE-T」などギガビットイーサネット対応、無線LANなら「Wi-Fi 6」以降の規格に対応していることを確認しておきましょう。インターネット回線やルーターの見直しが必要になるかもしれません。

無線LANより有線LANのほうが通信が安定します。有線LANポートがないノートPCならば、有線LANアダプターを用意するのも効果的です(写真はバッファロー「LUA5-U3-CGTE」)

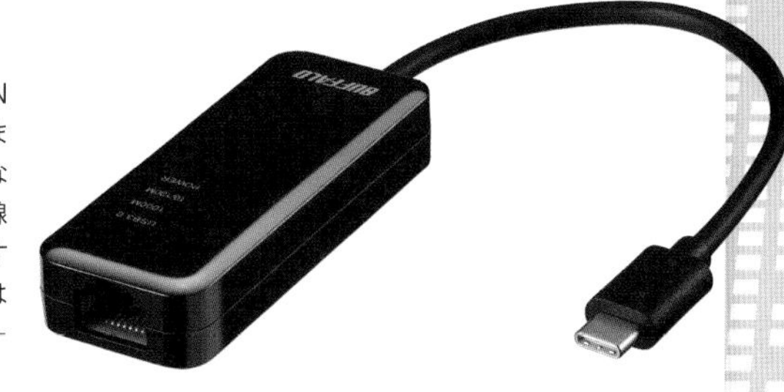

カメラ・マイク・スピーカーは外付けもOK

Vtuberをしたいのならば、Webカメラやマイク、スピーカーといったパーツの選択も重要です。とはいえデスクトップPCでは内蔵されていないケースが多く、外付けのパーツを購入することになるため、PC選択にあたっては、それほど重要視する必要はないかもしれません。必要に応じてあとから買い足していくといったアプローチも有効です。ノートPCの場合も外付けパーツで補強できますが、持ち出して出先で使うには少々不便な面もあります。高性能なWebカメラやマイク機能を売りにしたモデルを選択すれば、持ち出し時の利便性を損なわず、さらに余計な出費を抑えられるかもしれません。

デスクトップPCならば、ディスプレイ上部に設置できるWebカメラも魅力的です（写真はエレコム「UCAM-C980FBBK」）

インターフェイスで拡張性の高さがわかる

各種端子やスロットなどインターフェイス周りもチェックしておきたいポイントです。たとえば外付けSSDとPCを接続して動画データをコピーするような場合、データ転送速度10Gbpsの「USB 3.1 Gen 2」や20Gbpsの「USB4」など、高速なUSB端子を備えたPCを選択しておくとデータ転送にかかる時間やストレスを大幅に軽減できます。またノートPCならばHDMI端子など映像出力できる端子がある製品を選んでおくと、使い勝手が向上する可能性があります。キーボードやマウス、タッチパッドといった操作系のインターフェイスを受け持つパーツも、作業の快適さをアップさせる要素です。

デスクトップPCと比べて拡張性が低いノートPCでは、搭載されている端子が重要な意味を持ちます

安定稼働には電源選びもポイント

BTOのデスクトップPCでは、電源ユニットを選択できるモデルがあります。電源ユニットはPCの安定動作に大きな影響を与える重要パーツなので、BTO PCを選択するのならば電源選びにもこだわりたいものです。ハイエンドのCPUやグラフィックボードは大きな電力が必要なため、容量（定格出力）が大きな電源にすると動作が安定する可能性があります。また電源ユニットを選ぶ際には、電力変換効率に関する規格の1つである「80 PLUS」にも注目しましょう。80 PLUS Platinumや80 PLUS Titaniumの認証を取得した高変換効率の電源を選べば、動作の安定化や消費電力軽減といった効果も期待できます。

ハイスペックのクリエイターPCを安定稼働させたいのならば電源ユニットの選択も重要です。定格出力や80 PLUSをチェックしましょう（写真はMSI「MPG A850G PCIE5」）

Macを選ぶのももちろんアリ

ここまではWindows PCの選択基準について説明してきましたが、クリエイター向けのPCという意味ではアップルのMacも有効な選択肢といえます。最新のM2／M3チップを搭載したモデルはパフォーマンスが高く、デスクトップ型やディスプレイ一体型のオールインワン型、持ち運びも可能なノート型など豊富なラインアップを取り揃えています。Mac StudioやMacBook Proなど性能とコストのバランスに優れた製品も用意されているので、Windows PCを使う明確な理由がないのならば、クリエイター向けアプリも充実したMacを選ぶというのもアリです。

アップル公式サイトから購入する場合は、BTOのようにCPUやメモリ容量などを選択することが可能。用途に最適なスペックのMacを手に入れられます

アップルストアオンライン
https://www.apple.com/jp/store/

Vtuber/クリエイター向けオススメPCカタログ

BTOで好みの構成にカスタマイズ

ここからは、ゲーミングPC、クリエイター向けPCとしてリリースされている製品のなかから、BTOモデルを中心にオススメの製品をピックアップして紹介します。

BTO PCは、ベースとなるモデルと選択するパーツによりスペックや価格が変わってきます。本ページに記載した情報はあくまで参考程度と捉え、Webサイトにアクセスして望むパーツ構成を選べるか、どれくらいの価格になるのかをチェックしてください。

本稿のスペック表に記載していない情報で注目すべき項目としては、デスクトップPCならば筐体のサイズ、ノートPCならばディスプレイサイズや解像度、サイズ、重量など。高性能なノートPCは重量も増加するので、処理性能と持ち運びやすさのバランスを考えて選びましょう。

ゲーミングPC コラボモデル

[ドスパラ] GALLERIA カグラナナコラボモデル

https://www.dospara.co.jp/gamepc/collab-kagura-nana.html

◉スペック(一例)※1
モデル:GALLERIA RM5C-R46
CPU:インテル Core i5-14400F
(10コア/16スレッド・最大動作クロック4.7GHz)
メモリ:16GB (DDR4-3200)
ストレージ:1TB (NVMe M.2 SSD)
グラフィック:GeForce RTX 4060 8GB
有線LAN:2.5GBASE-T
無線LAN:ー

◉参考価格
172,800円 ※1

人気イラストレーター/Vアーティストとのコラボモデル

ゲーミングPC「GALLERIA(ガレリア)」シリーズと、イラストレーター/Vアーティスト『カグラナナ』とのコラボモデル。PCゲームや動画投稿を快適に行えるスペックを備えています。デスクトップとラップトップ(ノートPC)のモデルが用意されており、用途に合わせて選択できます。

[パソコン工房] iiyama LEVEL∞ シリーズ

https://www.iiyama-pc.jp/level_infinity/

◉スペック(一例)※1
モデル:LEVEL-R7X7-LCR78D-TEX-RG8
CPU:AMD Ryzen 7 7800X3D(
8コア/16スレッド・最大動作クロック5.0GHz)
メモリ:32GB(DDR5-4800)
ストレージ:1TB (NVMe M.2 SSD)
グラフィック:Radeon RX 7700 XT 12GB
有線LAN:2.5GBASE-T
無線LAN:IEEE802.11 ax/ac/a/b/g/n(Wi-Fi 6E)

◉参考価格
304,800円 ※1

ゲーミング デスクトップ PC

BTOカスタマイズ対応のゲーミングPC

パソコン工房(ユニットコム)から発売されている、「iiyama PC」ブランドのゲーミングPC「「LEVEL∞(レベル インフィニティ)」。紹介しているモデルは、ゲームタイトル「龍が如く8」推奨のAMD Ryzen搭載PCで、クリエイターPCとしても活用できる高性能パーツで構成されています。

[パソコン工房] iiyama SENSE∞ シリーズ

https://www.iiyama-pc.jp/sense_infinity/

クリエイター デスクトップ PC

◉スペック(一例)※1
モデル:SENSE-S07M-131-UHX
CPU:インテル Core i3-13100
(4コア/8スレッド・最大動作クロック4.50GHz)
メモリ:16GB(DDR5-4800)
ストレージ:500GB (NVMe M.2 SSD)
グラフィック:UHD Graphics 730(内蔵グラフィックス)
有線LAN:1000BASE-T
無線LAN:ー

◉参考価格
92,800円 ※1

設置場所に困らないスリムボディも選択可能

パソコン工房(ユニットコム)のクリエイターPC「iiyama SENSE∞」シリーズは、ミニタワーモデルやスリムモデルなど幅広いラインアップが用意されています。スリムモデルはクリエイターやVtuberの入門用PCとしても好適。もちろんBTO対応でパーツのカスタマイズも可能です。

[TSUKUMO] G-GEAR シリーズ AMD x 旭プロダクション 映像・CG制作プロダクション使用スペックモデル

https://www.tsukumo.co.jp/bto/pc/special/asashi_production/

◉スペック(一例)※1
モデル:WA7A-C231XB/AP
CPU:AMD Ryzen 7 7700X
(8コア/16スレッド・最大動作クロック5.4GHz)
メモリ:128GB (DDR5-4800)
ストレージ:1TB (NVMe M.2 SSD)
グラフィック:NVIDIA GeForce RTX 4070 12GB
有線LAN:2.5GBASE-T
無線LAN:IEEE802.11 ax/ac/a/b/g/n(Wi-Fi 6E)

◉参考価格 399,800円 ※1
※ ディスプレイ、キーボードは別売

ゲーミング デスクトップ PC

プロの現場で使われているスペックを採用

数多くのアニメーション制作を手掛けるスタジオ『旭プロダクション』が使用しているスペックをモデル化した製品。制作業務用途、デジタル作画用途、撮影処理/VFX用途、3DCG制作用途の4モデルが用意されており、動画編集や3D CG制作に使えるパーツ構成を簡単に選べます。

[サイコム]
Silent-Master シリーズ

https://www.sycom.co.jp/bto/silent/

●スペック(一例)※1
モデル:Silent-Master NEO B650A
CPU:AMD Ryzen 7 7700X
(6コア/12スレッド・最大動作クロック4.5.4GHz)
メモリ:16GB (DDR5-4800)
ストレージ:1TB (NVMe M.2 SSD)
グラフィック:NVIDIA GeForce RTX 4060Ti 8GB
有線LAN:2.5GBASE-T
無線LAN:ー

静音パーツで快適性アップの空冷デスクトップ

サイコムが販売する超静音空冷PC「Silent Master」シリーズ。負荷のかかる作業でも静音性を担保できるため、快適に利用することが可能です。本稿で紹介しているモデルはAMD Ryzen 7 7700X 搭載モデルですが、インテル Coreプロセッサ搭載モデルも用意されています。

●参考価格
284,550円※1

[マウスコンピューター]
G-Tune シリーズ

https://www.mouse-jp.co.jp/store/brand/g-tune/

●スペック(一例)※1
モデル:G-Tune DG-I7G7S
CPU:インテル Core i7-14700F
(20コア/28スレッド・最大動作クロック5.4GHz)
メモリ:32GB (DDR5-4800)
ストレージ:1TB (NVMe M.2 SSD)
グラフィック:NVIDIA GeForce RTX 4 070 SUPER 12GB
有線LAN:1000BASE-T
無線LAN:IEEE 802.11 ax/ac/a/b/g/n(Wi-Fi 6E)

●参考価格
279,800円※1

ゲーミング
PC

国内生産のBTO ゲーミングPCに注目

国内生産で信頼性の高いBTO PCメーカー、マウスコンピューターが展開するゲーミングPC。デスクトップPC、ノートPCがラインアップされており、選べるパーツも豊富に用意されています。理想のパーツ構成にしやすいので、ぜひWebサイトでカスタマイズを試してみてください。

[マウスコンピューター]
DAIV シリーズ

●参考価格
289,800円※1

https://www.mouse-jp.co.jp/store/brand/daiv/

●スペック(一例)※1
モデル:DAIV Z6-I7G60SR-A
CPU:インテル Core i7-13700H
(14コア/20スレッド・最大動作クロック5.0GHz)
メモリ:32GB (DDR5-4800)
ストレージ:1TB (NVMe M.2 SSD)
グラフィック:NVIDIA GeForce RTX 4060 Laptop 8GB
有線LAN:ー
無線LAN:IEEE 802.11 ax/ac/a/b/g/n(Wi-Fi 6E)

クリエイター
PC

クリエイター向けに作り込まれた完成度の高さが◎

マウスコンピューターのクリエイターPCブランド「DAIV」も、デスクトップPC/ノートPCをラインアップ。GeForce RTX 4060 Laptop GPU &16インチ大画面液晶ディスプレイ搭載モデルも用意されており、あらゆる場所で高負荷の作業が行えます。

[エムエスアイコンピュータージャパン]
Creator Z16 HX Studio A13V

https://jp.msi.com/Content-Creation/Creator-Z16-HX-Studio-A13VX/

●スペック(一例)※1
モデル:Creator-Z16-HX-Studio-A13VF-4503JP
CPU:インテル Core i7-13700HX
(16コア/24スレッド・最大動作クロック5.6GHz)
メモリ:64GB (DDR5-4800)
ストレージ:1TB (NVMe M.2 SSD)
グラフィック:NVIDIA GeForce RTX 4060 Laptop 8GB
有線LAN:ー
無線LAN:IEEE 802.11 ax/ac/a/b/g/n(Wi-Fi 6E)

クリエイター
ノート
PC

●参考価格
269,800円※1

クリエイティブ環境を持ち運びたいニーズに対応

64GBの大容量メモリとNVIDIA GeForce RTX 4060 Laptop GPUを搭載する高性能クリエイターノートPC。16インチの大画面&高解像度ディスプレイや、高性能なインテル Core i7-13700HXを採用するなど、隙のないスペックでクリエイターのニーズに応えます。

[マイクロソフト]
Surface Laptop Studio 2

https://www.microsoft.com/ja-jp/surface

●スペック(一例)※1
モデル:Surface Laptop Studio 2
CPU:インテル Core i7-13700H
(14コア/20スレッド・最大動作クロック5.0GHz)
メモリ:64GB (DDR5-5200)
ストレージ:1TB
(NVMe M.2 SSD)
グラフィック:NVIDIA GeForce RTX 4060 Laptop 8GB
有線LAN:ー
無線LAN:IEEE 802.11 ax/ac/a/b/g/n(Wi-Fi 6E)

クリエイター
ノート
PC

●参考価格
536,580円※1

クリエイター向けのSurfaceは変形機構を備える

マイクロソフトが提供するクリエイターノートPCは、ビューモードやタブレットモードに変形可能な独自構造が特徴。スペックも充実しており、デジタルペンを使った作業も快適に行えます。複数の構成が用意されているので、BTO PCライクに好みのスペックを選択することが可能です。

※1 本ページに表記されているスペックと価格は構成例の1つであり、変更される可能性があります。

夢に近づく学び指南
01
資格・検定

CG業界を目指す人のスタートラインはここ!
CG-ARTS

CG-ARTS
公益財団法人 画像情報教育振興協会

なぜ資格が必要か? 学ぶことで身につく業界共通言語

公益財団法人 画像情報教育振興協会(CG-ARTS:シージーアーツ)は、コンピュータを利用した画像情報分野の人材育成と文化振興を担うため1991年に設立され、「画像情報生成処理者試験(CG試験)」を開始。2005年には主流となる「CGクリエイター検定」をスタートさせ、CG資格の草分けかつCG業界唯一無二の検定資格となっています。2019年にはCGプロダクションとともに、CGアニメーション制作スキル育成のため「アニメーション実技試験」もスタートし、人材の育成を進めています。

[Text]松田政紀(アート・サプライ)

CGを始めたいと考えている人に問題!

実際の検定と実技試験を体験してみよう!

CGクリエイター検定

問題

図1は、電車のなかでキャラクタがスマートフォンを見ているカットである。監督のチェックを受けたところ「キャラクタサイズ感はこのままでよいが、もっと広角レンズにして電車のなかということをわかるようにしてほしい」と指示を受けた。監督の指示に合わせて適切な修正をしたものはどれか。
(※2023年後期ベーシック カメラワークに関する問題より)

図1

【解答群】

ア.
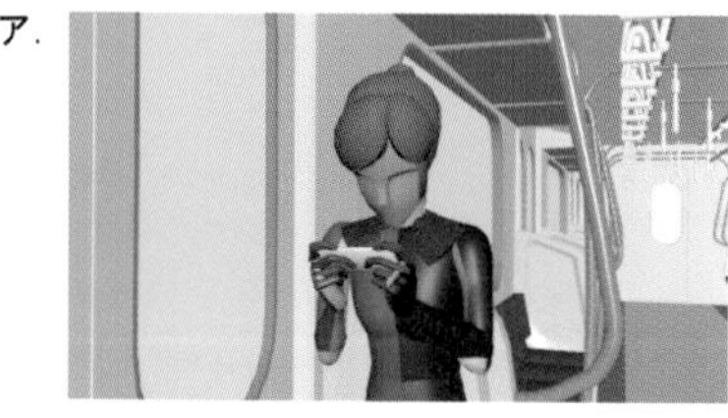

イ.
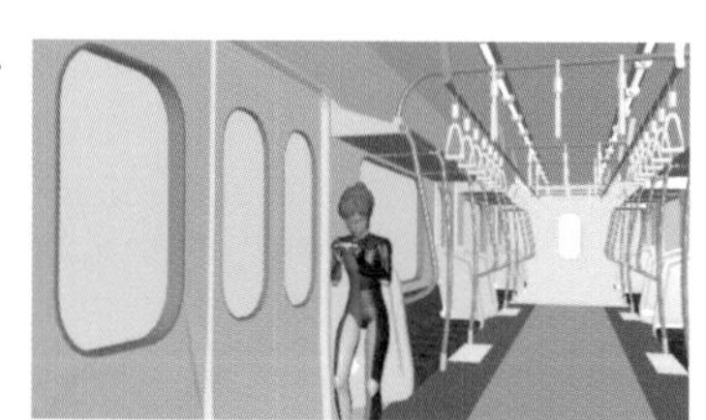

ウ.

エ.
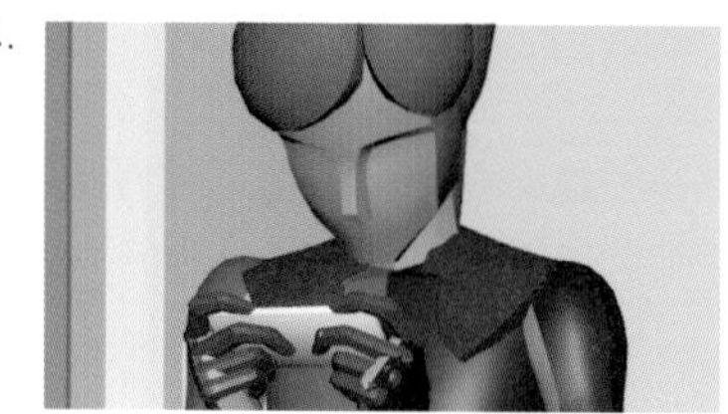

解答:ア

アニメーション実技試験

2022年課題 絵コンテを元にCGを制作して提出してください。

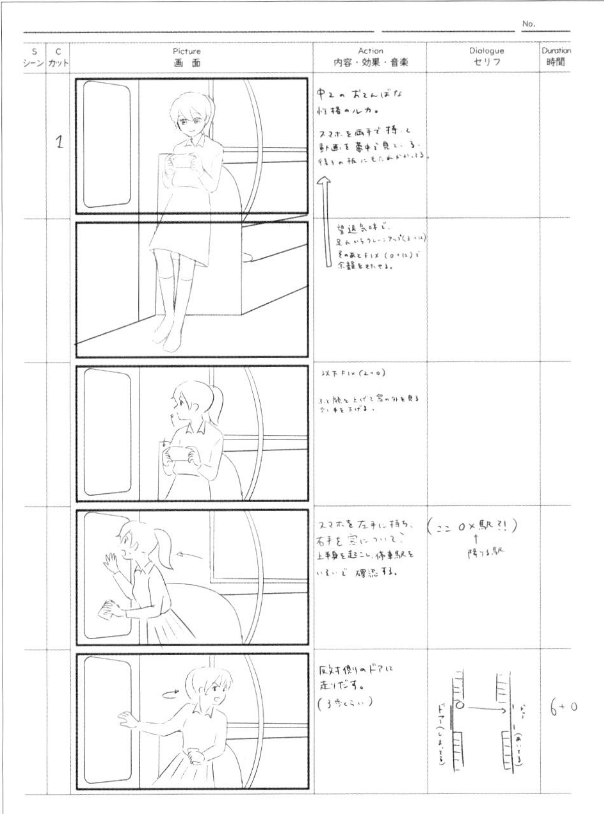

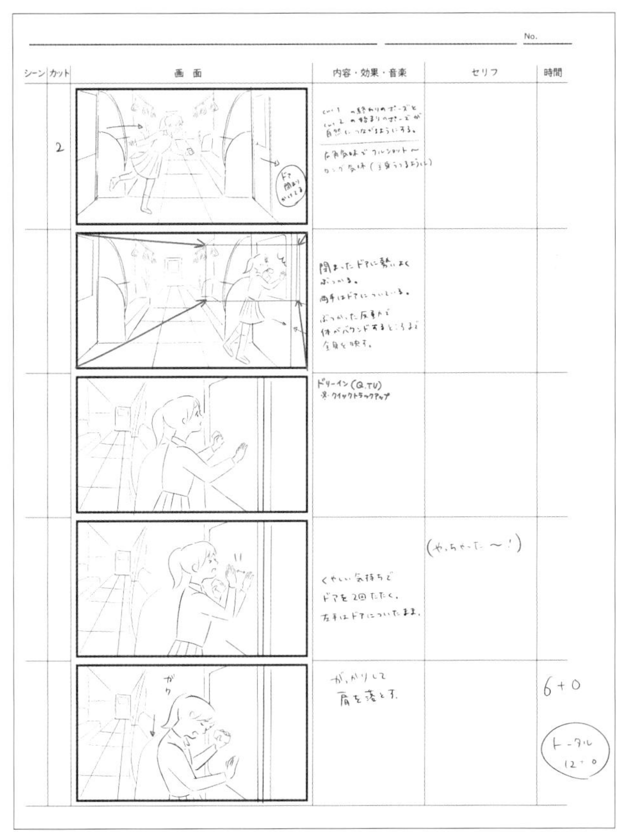

課題の形式

●アニメーション
- 12秒
- 手付アニメーションに限ります。
- スマフォモデルを手に持たせてください。
- ポニーテールも動かしてください。

●モデルデータ
- モデルデータは、原則、提供された3DCGデータを使用してください。
- どの3DCGソフトのデータを使っても構いません。
- キャラクタモデル、背景モデルのサイズの変更は不可です。
- リグのカスタマイズは可です。
- 他の3DCGソフトへのコンバートは可です。（各自の責任で行ってください）

●動画サイズ	1280×720（16:9）
●FPS	24fps
●フォーマット	MPEG4（H.264形式）
●ファイルサイズ	20MB以下

波多野 涼さん
［順位］2022年1位 ［総合点］90.4点

西畑 拓海さん
［順位］2022年2位 ［総合点］84.6点

※各検定の詳細は、CG-ARTSのホームページでご確認ください。■ CG-ARTS（公益財団法人 画像情報教育振興協会）https://www.cgarts.or.jp/

/ CG制作の人材育成に情熱をかける人たち /

問題作成に込めた受験生たちへの想い 良問は他人事ではない責任感から生まれる

CG業界の人材育成と文化振興を目的として設立

— どのような活動をされている協会ですか。

篠原　1991年の設立以来、「新しい文化と才能を育み、社会との架け橋となる」をスローガンとして活動しています。CG-ARTSの会員企業には多くのCGプロダクションやCGアニメスタジオが、試験問題や教材を作る委員には大学をはじめ教育機関の先生方が参画くださり、検定や教材開発等の教育のサポートだけでなく、産学連携につながる交流が実現しています。

お話しいただいた方々

事務局長 教育事業部 事業部長
篠原 たかこ 氏

教育事業部 事業推進グループ 担当部長
小澤 賢侍 氏

教育事業部 事業推進グループ
宮内 舞 氏

— 検定や試験には、どのような種類がありますか。

篠原　現在は、CG-ARTS検定とアニメーション実技試験の2本柱で運営しています。CG-ARTS検定には、「CGクリエイター検定・CGエンジニア検定・Webデザイナー検定・画像処理エンジニア検定・マルチメディア検定」の5つがあり、それぞれエキスパートとベーシック、2つのコースがあり、これを学習するための教科書としてテキストブックを用意しています。

初めてCGを学ぶ人に必要なこととCGクリエイター検定のメリット

— これからCGを始める人たちは、まず何をすればいいでしょうか。

小澤　やはりCGとは何かを知ることだと思います。CG-ARTSで作っている学習教材や検定問題は、大学や企業の専門家に協力いただきながらCG-ARTSでまとめて制作しています。

ベーシック用のテキスト『入門CGデザイン』では、CGの歴史や活用分野から始まり、2DCGや3DCGの基礎、モデリング・レンダリング・アニメーション等のCG制作、ハードやソフトウェアの基礎知識等を体系的に学習できます。さらに作品作りに欠かせない知的財産権などもあり、CGを始める人たちが、最初に読む本としても有益だといえます。検定に合格することも重要ですが、挑戦するために学ぶことで制作のベースとなる知識を得ることが大切です。基礎知識を自力で覚えたとしても目標がないと勉強が続かないので、本検定を目標にしてもらうといいと思います。

— CGクリエイター検定には、どのようなメリットがありますか。

篠原　学習の目標を検定に設定し学習することで、自ずとCG制作における共通言語が身につき、プロフェッショナルとのコミュニケーションに自信を持つことができます。自信を持って勉強した成果は、履歴書に明確に示すことができ、一定の評価基準をクリアしていることをアピールできます。また、CG-ARTSでは、高校や大学、専門学校での単位認定や入試での優遇、そして将来の就職先となる企業への認知度も高める活動をしており、これらを1つの判断材料として活用いただいています。

— CGクリエイター検定の目的は。

小澤　本検定の主な目的は、CG制作における基本的な能力を身につけることです。ソフトウェアの操作方法だけでなく、その背後にあるしくみを理解することで、自分のイメージした最終成果物をより効果的に迅速に作り出すことができます。

また、CG制作の全工程を理解することも重要です。CG制作では作業がパートごとに分担されることが一般的であり、自分がどの工程に関わっているのかを把握する必要があります。

CGクリエイター検定の試験問題は人材育成の想いが詰まっている

— 問題は何を基準に決定していますか。

小澤　学習の基本ともいえますが、「なぜこの知識が必要か」を考え、それを紐づけて出題できるように心がけています。まずはソフトウェアでも使われている手法のしくみや表現方法などを理解することが大切です。

また多くのケースでは、現実世界をシミュレーションして表現します。例えば、実際の世界で光がどう反射して自分たちの目に届いているかを理解した上で、ソフトウェア上でのライティングをどう表現するか。その原理原則を知ることが必要です。

もう1つは、コミュニケーション能力です。どの業界でもいわれますが、その正体は「聞く力」だと捉えています。自分から話して伝えること、お互いに情報交換することも重要ですが、本来は人の話をしっかり聞いて理解できることが一番大切だと思います。「聞く力」を身につけてもらえる問題作成も常に念頭に置いています。就職したらまず上司の話を聞きますが、指示を理解し作品を制作することは簡単なようで難しいはずです。

— 問題作成で苦労する点はありますか。

小澤　CGなど動画を紙の試験にすることですね。表現に限りがありますから。例えば、出題した問題を例にしてみましょう。

こちらは基礎知識とリアルな制作現場で役立つような設定をしています。用語を覚えるだけでなく、制作時どのように指示がくるのかをシミュレーションしながら受験する人たちが解答できるしくみです。私たちで作成した問題は、自分たちで解くことはもちろん、企業や教育機関の専門家の方々にも確認いただき精査し編集していきます。

アニメーション実技試験問題作成は自分たちで試してみることから

— アニメーション実技試験の課題はどのようなプロセスで決定するのですか。

宮内　作品を評価するためポージング、アニメーション、演出、レイアウトなどの項目で「基礎評価基準 数十項目」を立てて評価していきます。この課題では81項目でした。表現なので正解ということではなく評価項目になりますね。

絵コンテを作るときは、評価基準を反映しているかを繰り返し検証します。事前に絵コンテと同じシチュエーションで、自分たちがモデルになって動画を撮影し、人の動き方、構図やカメラワークなどを見直しながら絵コンテに反映しています。

— 課題評価で一番苦労する点は。

宮内　絵コンテを忠実に再現することは評価の重要な要素ですが、時にはアレンジが過ぎたり、絵コンテの意図やカメラワークを理解せずに制作し提出することもあります。

この問題を解決するためには、制作者が日常生活の中で、物の位置関係や人間の体の動きなどを積極的に観察することが大事です。ネット上の人物の実写動画やプロのアニメーションを参考にするだけでなく、必要に応じて自身や家族、友人に動いてもらい、比較検討することも有益です。また、私たちもできる限り誤解されないような課題設定に努めていきます。

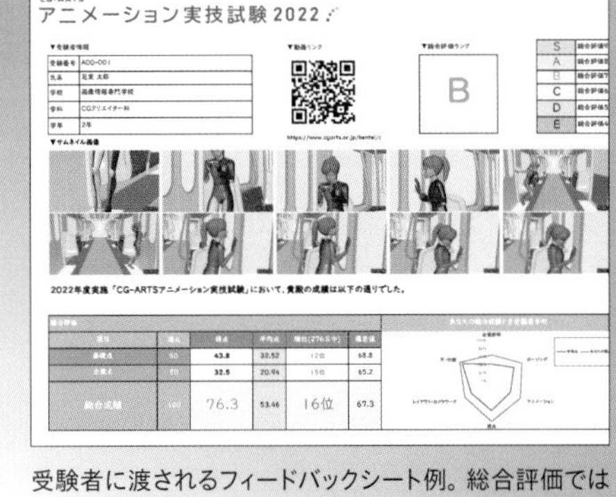

受験者に渡されるフィードバックシート例。総合評価では自分の得手不得手がわかります。さらに成績上位者は、課題の動画がCG-ARTSのWebにアップされます。

— 検定や試験は就職に役立ちますか。

篠原　アニメーション実技試験は、学生を対象にしていることもあり、就職先となる企業との橋渡しも積極的に行っています。

受験者には、CG-ARTSから評価詳細を記載したフィードバックシートをお返ししています。これはポートフォリオに掲載する等、企業に提出していただけるような形式になっていて、その中には、評価企業からの得点やコメントのほか、会員企業様20数社以上から採用募集にエントリーしてもらいたいレベルであることの証として「いいね!」がもらえるしくみがあります。実際に「いいね!」を付けてくれた企業とつながり、就職に至るケースもあります。

— これからCGを始める人たちにエールを。

篠原　CG制作人材のニーズは、これからも高まっていくことは確実です。まずはCG制作のためのベースとなる基礎体力づくりから始めてください。多くの優れた作品を制作者の視点から見ることや、現実世界を観察することを実践しましょう。同時に、共通の言語としての基盤を築きながら、実際にソフトウェアを使ってスキルを磨いていくことをお勧めします。

新たなステップを踏み出したいと思っている方は、ぜひ積極的に行動に移し、自身の今後の糧になることに挑戦してみてはいかがでしょうか。

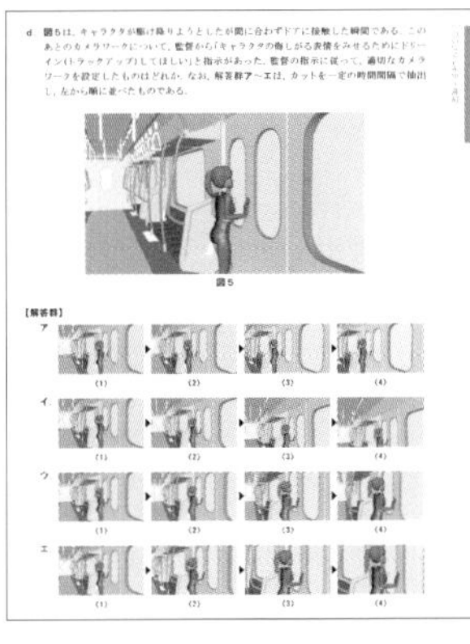

設問においても監督の指示であることが明記されています。またドリーイン、カメラワークなどの用語を覚えているかがポイントになります。(CGクリエイター検定/2023年後期ベーシックより)

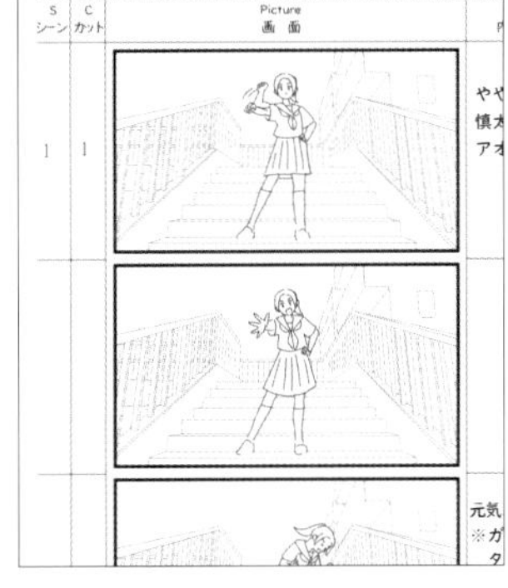

2023年の課題は「じゃんけんグリコ」。少女の手の動き、階段を上り下りする動作、どこまで背景が入るのかなどの構図は、実際に動画撮影で同じ動作を繰り返して決めたそうです。

[あなたは何がしたい? デジハリコースチェック!]

CGを初めて学びたいと思ったとき、デジタルハリウッドで受講する選択肢を持つ人は多いと思います。そこで悩むのが自分は何を学べばいいのか。各チェック項目で多くチェックが付いたコースがオススメコースです。もちろん自分がなりたい職種、憧れの職種もあるでしょうからあくまで目安としてチャレンジしてみてください。

チェック項目①

- □ メタバースの世界を作りたい
- □ VtuberLiveを作りたい
- □ VRゲームを作りたい
- □ Unityを触りたい
- □ システムを作りたい
- □ プログラミングを学びたい
- □ 最先端技術に興味がある

チェック項目②

- □ ゲーム業界に就職したい
- □ 映画のエフェクトを作りたい
- □ 就職を有利に運びたい
- □ クリエィティブの学びは初めて
- □ 作品のクオリティを上げたい
- □ CGを1からしっかり学びたい
- □ 海外で活躍したい

チェック項目③

- □ Mayaを体系的に学びたい
- □ すでにデッサンができる
- □ 医療系のCGに興味がある
- □ 週1で完結したい
- □ 金額を抑えて学びたい
- □ 1つに集中して学びたい
- □ CGがどうできているのか知りたい

チェック項目④

- □ CGを少し触ってみたい
- □ ピンポイント技術を習得したい
- □ 短期間で学びたい(2~6カ月)
- □ 学習に不規則な時間しかとれない
- □ マンツーマンで教わりたい
- □ すでにクリエィティブ業界で働いている
- □ 映像作品にCG表現を加えたい

夢に近づく学び指南 02 スクール

専門スクールで実践的な技術を身に着ける

デジタルハリウッド

「自分はCGで何がしたいのか」を具体的にイメージしてみよう

1994年にスタートしたデジタルハリウッドの歴史。今やCG業界で、その名を知らない人はいない存在です。技術・現場力・就活力すべてが身につくカリキュラムやスクールの特徴を見ていきましょう。

[Text]松田政紀(アート・サプライ)

[あなたにオススメのコースはこれ！]

チェック項目①に多くチェックが付いた人にオススメのコースは

■本科XR（クロスリアリティ）専攻

1年間でデザイン・プログラミング・3DCGなど、ボーダーレスな技術と知識を習得しXR表現やインタラクティブデザイン、IoTなどデジタル表現を徹底的に追求するコースです。

チェック項目②に多くチェックが付いた人にオススメのコースは

■本科CG/VFX専攻

1年間で高いレベルの映像作品を制作できるスキルを得られるコースです。定番ソフトのMayaから最新の映像表現まで3DCG制作に必要な技術を学び1年で未経験から即戦力となるプロを育成します。

チェック項目③に多くチェックが付いた人にオススメのコースは

■3DCGデザイナー専攻

Mayaを使った3DCG制作を基礎から応用、モデリング・アニメーション・コンポジットまで「3DCGデザイナー」として求められるスキルを1年間週1の時間で学習できます。

チェック項目④に多くチェックが付いた人にオススメのコースは

■CGGYM

3DCGをスポーツジムのように個別で必要な部分だけ学べるコース。目的に合わせて学習をカスタマイズでき、CG未経験者だけでなく経験者もスキルアップすることができます。

デジタルハリウッドを受講した生徒たちによる3ヵ月目の課題。短期間でここまでクオリティが高いCG制作ができるようになることに驚くばかりです。

[各コースで目指せる分野]

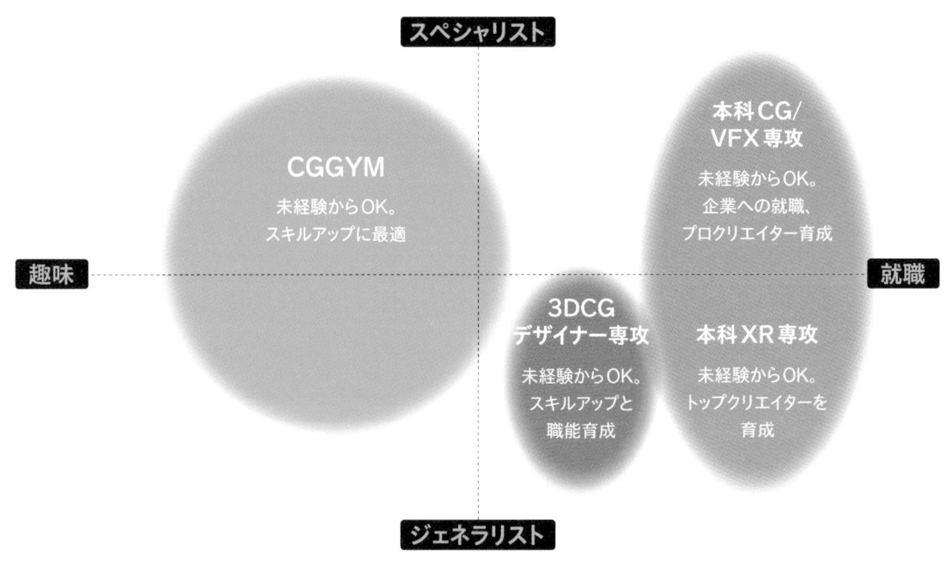

※各コースの詳細は、デジタルハリウッドのホームページでご確認ください。
■デジタルハリウッド　https://school.dhw.co.jp/

憧れの企業や職種を目標にするかジェネラリストを目指すのか

紹介したコースは、それぞれ学ぶ内容は異なります。デジタルハリウッドの特徴として、学生だけでなく社会人も通いやすい週末を中心に設定されていることも特徴といえるでしょう。

また1年間かけて基礎から実践まで学べる本科や専科。ちょっと珍しいCGGYMは、ジムに通う感覚で自分の得意分野もしくは苦手分野だけを学習できるコースです。

それではデジタルハリウッドが選ばれる理由はどこにあるのか、担当者に聞いてみましょう。

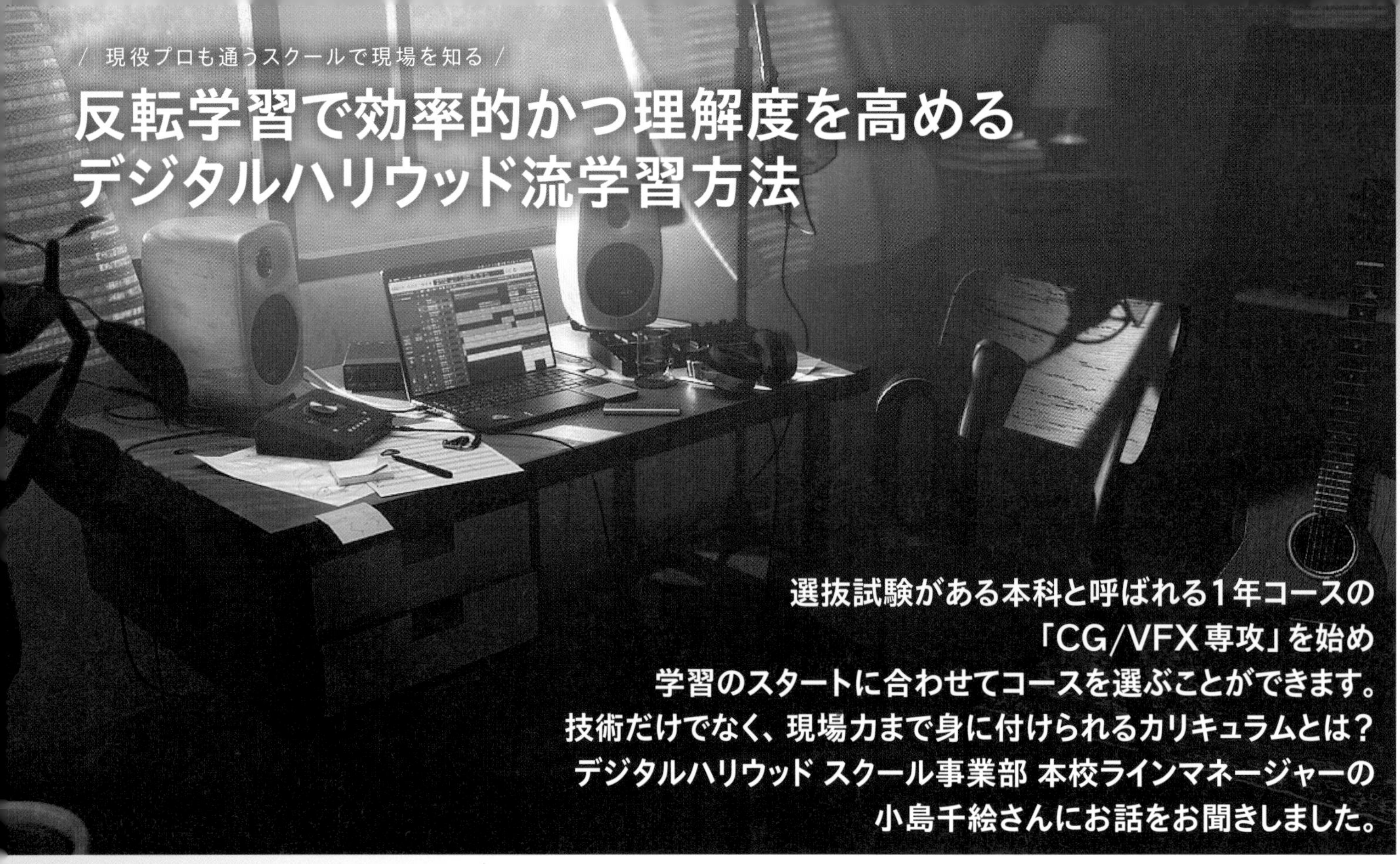

／ 現役プロも通うスクールで現場を知る ／

反転学習で効率的かつ理解度を高める デジタルハリウッド流学習方法

選抜試験がある本科と呼ばれる1年コースの「CG/VFX専攻」を始め学習のスタートに合わせてコースを選ぶことができます。技術だけでなく、現場力まで身に付けられるカリキュラムとは？デジタルハリウッド スクール事業部 本校ラインマネージャーの小島千絵さんにお話をお聞きしました。

デジタルハリウッドからみた現在のCG業界の動向

― デジタルハリウッドからみた現在のCG業界の印象を教えてください。

CG業界の進歩は早く、それがコロナ禍によって加速しました。緊急事態宣言中、自宅でアニメを観たり、ゲームをしたりする人が増えたことによって、CG業界を取り巻く環境も大きく変わりました。

特にゲーム業界の業績アップが大きな要因です。家庭用ゲーム機やスマホアプリゲーム、最近だとVR系ゲームの人気が伸びています。ゲームで遊びながら美しいグラフィックに触れ、CG制作を目指そうと考えた人も少なくありません。

業界動向とは言い切れませんが、本校の受講動機に「ゲーム背景を制作したい」という人が増えたのは事実です。アニメ制作においてもフルCGで制作された作品が増え、CGのなめらかな動きや映像の美しさに影響されたという人も増えています。

― CGを学びたい！ と考えた時、何から始めればいいでしょうか。

「できるかぎり多くの作品を観て知って、感じること」です。

例えばアニメ業界に行きたいからアニメだけを観るのではなく、実写の映画やテレビ番組、ゲームなどさまざまな表現方法に触れることが大切です。作品を観るときのポイントは、作品から自分が素敵だなと思う表現をストックすることと、自分ならどう作るかを意識することです。それだけで表現の引き出しを増やすことができます。そして海でも山でも実際に足を運び、多くの経験を積むことも大切です。

加えて、ソフトに触れてみることが大切だと思います。Blenderなど無料で使用できるソフトもあるので、「CGソフトはどのように作っているのか」を理解ところから始めるのもいいと思います。とにかくやりたいと思ったら行動してみることですね。

― CGはエンターテインメント以外では、どの分野で注目されていますか。

医療分野やアパレル分野などです。医療では、「デジタルリハビリテーション」が注目されています。お子さんのリハビリ時に「10回手を挙げる」だけでなく、「10回飛行機にタッチ」とゲーム性を持たせ、楽しみながらリハビリできるビジネスもあります。アパレル業界では、洋服のパターンからデジタル上で裁縫（組み立て）を行い、アバターに着用させたデジタル展示会や、PR動画などの使用方法があります。データ上で形や色を変えていけるので自由度と表現の幅を広げています。

今、CG業界で求められる人物像とその先に見えてくるキャリア

― 今のCG業界では、どのような人材が求められていますか。

CG業界も急激な成長の影響もあり、慢性的な人材不足に陥っています。必然的にCGが制作できる即戦力が求められています。

そのため本校では、メインソフトに業界で一番使用されている「Maya」を採用しています。ほかにも「Houdini」や「Unity」など

お話しいただいた方

デジタルハリウッド
スクール事業部
本校ラインマネージャー
小島 千絵 氏

を学ぶこともできます。

求められる人材については、2023年秋に本校で開催した「クリエイターズオーディション」で、20社の人事担当者に「採用時重視する点」をアンケートした結果、作品のクオリティに次いだのは、「人柄」「向上心」「コミュニケーション能力」でした。

今後必要になる人材という問いでは、「基礎知識とソフトスキル」「得意分野を持つこと」「多方面への興味」「自主性」などがあがっています。そのため本校のカリキュラムでもスキルだけでなく、現場での動き方を知れるよう実務家教員を採用しています。

― CGを学んだ後、どのようなキャリアを描くことができますか。

CG業界では、絵作りからモデラー、コンポジター、ライティングにレンダリング、最後の絵作りに関わる制作・納品まで責任を持てるジェネラリストを求める企業が多いです。そして規模の大きい会社での採用やステップアップとしてCGモデラー、CGアニメーター、VFXデザイナー、コンポジター、VFXアーティストなど職種に特化したスペシャリストとして活躍していく道があります。ニーズにマッチするのは、どの分野でも活躍できる実力を身に付けられる「本科CG/VFX専攻」です。

また、昨今人気のXR領域では「本科XR専攻」を卒業することでUnityエンジニア、VRクリエイターとして活躍できます。

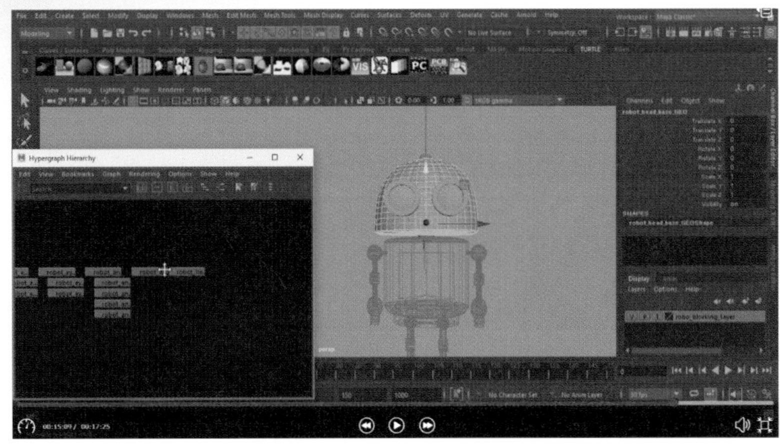

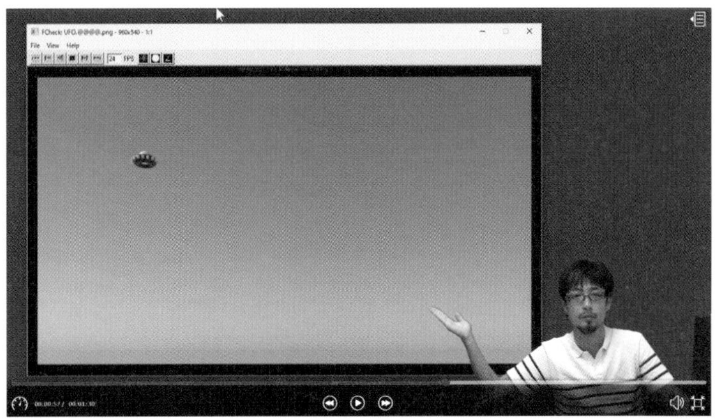

「反転学習」で実際に使用している動画。ソフトの一連の操作方法や、講師による解説などがオリジナル動画教材として使われています。

スキル、現場力を身に着けられるデジタルハリウッド流「反転学習」

― CGを学べる専門学校は多数ありますが、選ばれている理由はどこにありますか。

「CG学習の近道」は何かといえば、やはり専門スクールに通い集中かつ実践的な学習を行うことが効果的だと思います。もちろん本校だけでなく多くの専門学校もありますが、そのなかから本校が選ばれる理由は大きく2つあるといえます。

1つ目は、1年間という短期間にもかかわらず、受講中に身に付けられるスキルやコミュニケーション能力に定評があることです。本校の学び方の特徴として、「反転学習」を採用していることも大きくかかわっています。何を反転しているかといいますと、ソフトの基本操作など基礎スキルの学習をすべてオリジナルの映像教材で学習し、教室では課題のフィードバックや応用スキルを身に着ける授業が行えるのです。高校や大学における学習では、基礎的は教室に集まって先生に教わり宿題をすることと逆なので「反転学習」となります。

映像教材は何度も学習できるメリットもあります。本科でも入学した時点で、ソフト経験がある人と、まったくの未経験に分かれます。そこに反転学習を用いることで、ある程度ラインを揃えたスタートを切ることもできます。

2つ目は、卒業後の就職サポートが充実していることです。前出の「クリエイターズオーディション」は受講生の卒業制作を企業に見てもらえる機会となっており、その場でスカウトもあるイベントです。そこに集まった業界の人々から最新の情報を集めてカリキュラムに反映するため、卒業後の即戦力を育成することが可能となっている仕組みです。

― CGを学びたいと考えている人たちへメッセージをお願いします。

スタートは作品やソフトに触れることです。その上で本校を選んでもらえれば、学びたい人が学べる環境と、サポート体制を提供できます。本校を「使い倒す」気持ちで選んでもらえるといいですね。やはり1人で学習していると、小さなつまずきや壁にぶつかると進めなくなったり、あきらめてしまったりすることもあります。スクールでは、そこを乗り越えるサポートもありますので、不安がらずに1歩踏み出してみてください。

IMAGICA
ENTERTAINMENT ≫ MEDIA

株式会社IMAGICA エンタテインメント メディアサービス

Imagica Entertainment Media Services, Inc.

所在地	東京都港区海岸1-14-2
設立	2021年1月15日(創立 1935年)
資本金	1億円
代表者名	中村昌志
従業員数	360人
URL	https://www.imagica-ems.co.jp/
エントリーフォーム	https://www.imagica-ems.co.jp/contact/recruit-career/entry/
電話	03-5777-6284

【会社の特徴】
魅力的な映像をお届けするためにクリエイティブな挑戦を続けている会社です!
40年以上にわたり新しい技法や手法を取り入れながらCG/VFX制作を行ってまいりました。CG/VFXだけではなく、ポスプロ等の映像制作、配給、配信、パッケージなど幅広く作品に携わることができ、技術に特化したチームによるサポートもあるので、想像力を最大限に発揮することができます。

【募集職種】
VFXスーパーバイザー／3Dディレクター
制作進行／エフェクトアーティスト
システムエンジニア／テクニカルディレクター

【求めるスキル】
- 各職種での実務経験
- 各職種に必要なソフトウェアの知識やプログラミング言語など特定の技術スキル
- チームプレイのできるコミュニケーション力

【求める人物像】
VFX業界へ深い情熱を持ち、クリエイティブへの追求やチームの拡大に興味があり、改革することを楽しめる方!

[01] 東京リベンジャーズ2 血のハロウィン編 -決戦-
カテゴリ:映画／担当:VFX

[03] カロリーメイト リキッド「吾輩は栄養である・春」篇
カテゴリ:CM／担当:CG

[02] モンスターハンターライズ
カテゴリ:ゲーム／担当:カットシーン(一部モーションキャプチャ、一部フェイシャルキャプチャ)

[04] 禁じられた遊び
カテゴリ:映画／担当:VFX

[05] Netflixコメディシリーズ「トークサバイバー!～トークが面白いと生き残れるドラマ～」シーズン2 独占配信中
カテゴリ:ドラマ・バラエティ／担当:VFX

天狗株式会社
天狗工房
Tengu Kobo

所在地	東京都立川市曙町1-25-12 オリンピック曙町ビル9階
設立	2013年2月14日
資本金	3,000万円
代表者名	福士直也
従業員数	25人

URL	https://ten-gu.com/
メール	info@ten-gu.com
電話	042-548-1337

【会社の特徴】
社長がアニメ監督プロレスラーをやっているぐらい“エンタメに壁はない”を体現している企業です。
映像表現以外でもやりたい事はなんでもやるしカタチにする。「型破り」な制作集団！それが天狗工房です。
日本のクリエイティブの未来をみんなで激烈に明るくしていきましょう。

【募集職種】
CGクリエイター
アニメ、ゲームの映像制作全般（キャラクターアニメーション、モデリング、セットアップ、コンポジット）
求めるスキル
3ds Max、Maya、Blender。実務を想定し 修練を重ねている人

2Dデザイナー
イラスト、キャラクターデザイン、原画、動画、仕上げ、背景、企画設定、漫画
求めるスキル
CLIP STUDIO PAINT、Photoshop、実務を想定し 修練を重ねている人

制作進行
アニメ、ゲームにおける進行管理業務

【求める人物像】
・自分の夢に対し、妥協せず、誤魔化さず、情熱を燃やせる方
・「この人と仕事がしたい」と思われるクリエイターを目指せる方

[01] 異世界でチート能力を手にした俺は、現実世界をも無双する～レベルアップは人生を変えた～
担当：CG監督、CG制作、モデリング、撮影

[02] あやかしトライアングル
担当：作画、CGレイアウト

[03] 地獄楽
担当：撮影

株式会社 ModelingCafe

ModelingCafe Inc.

所在地	東京都渋谷区猿楽町11−6
設立	2012年7月
資本金	1,000万円
代表者名	岸本浩一
従業員数	80名
URL	https://cafegroup.net/
電話	03-6416-5933

【会社の特徴】
私たちModelingCafeは高度なCG技術＋αで世界に新鮮な驚きと新しい価値を「モデリング」することをミッションとした企業です。
日本初のバーチャルヒューマンであるimma（Aww Inc.）を始めとするバーチャルヒューマン制作や、映画、CM、ドラマなどの実写映像からゲームまで幅広いニーズに対応しています。
また、VR/AR及びAIを使った技術開発へ積極的に投資をしています。
これまでに培った世界基準の技術やノウハウを活かし、私たちが活躍できる場をさらに広げていきます。

【募集職種】
コンセプトアーティスト/キャラクターモデラー/背景モデラー/テクニカルアーティスト/テクニカルディレクター/エンジニア/リギングアーティスト/VFXアニメーター/CGプロデューサー/制作進行

【求める人物像】
溢れる熱意と高い向上心を持つ人が合っていると思います。
ModelingCafeで働くことは自分をアップデートすることです。

[01] 映画『ゴールデンカムイ』

[02] GRANBLUE FANTASY: Relink

AnimationCafe

株式会社 AnimationCafe
AnimationCafe Inc.

所在地	東京都渋谷区猿楽町11-6 サンローゼ代官山301
設立	2014年3月
資本金	1,000万円
代表者名	岸本浩一
従業員数	80名（令和5年度12月末時点）
URL	https://cafegroup.net/
電話	03-6455-0248

【会社の特徴】
ゲーム、アニメ、映像制作という3つの部署が連携することでトップクオリティの表現を創り出します。

【募集職種】
アニメーター
モデラー
リガー
エフェクター
制作進行
ゼネラリスト

【求めるスキル】
各セクションでの基礎的な技術に加え、チーム制作に必要なコミュニケーションスキル。

【求める人物像】
3DCGやAI等の最新技術に興味をもち、ニーズを的確に見抜くための高いコミュニケーションスキルを持つ人物。

[01] imma

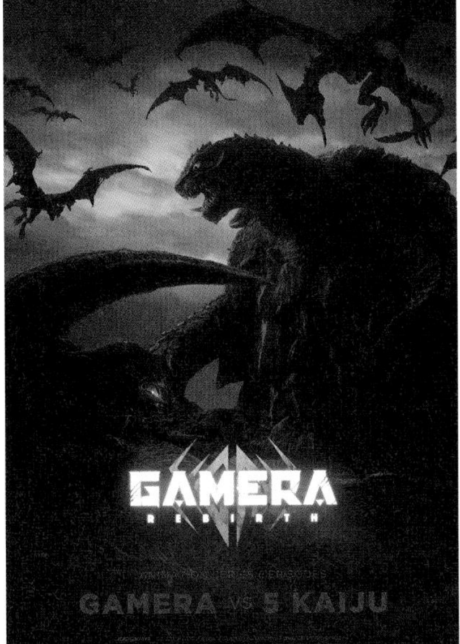

[02] GAMERA -Rebirth-

[03] Hi-Fi RUSH

株式会社
アグニ・フレア
AGNI-FLARE CO., LTD.

所在地	神奈川県横浜市港北区 新横浜2-17-19 HF新横浜ビルディング　6F
設立	2010年12月21日
資本金	200万円
代表者名	稲葉 剛士
従業員数	63人
URL	https://www.agni-flare.com/jp/
電話	045-628-9098

【会社の特徴】
リアルタイムVFXに強みを持ち、未経験からの育成にも取り組み続けています。
コンシューマー、スマートフォン、アーケードの様々なリアルタイムグラフィックス制作案件に参加しています。
ゲームに関心を持ちアーティストとして活躍したい方にとっては最適の環境だと思います。

【募集職種】
VFXアーティスト
Animationアーティスト
Modelingアーティスト
2D・UIアーティスト
未経験者可

【求めるスキル】
- Maya
- 3ds Max
- MotionBuilder
- Substance 3D Painter
- Substance 3D Designer
- Photoshop
- Illustrator
- CLIP STUDIO PAINT
- Houdini
- BISHAMON
- ZBrush
- Unreal Engine
- Unity

【求める人物像】
経験の有無や年齢に関わらず、人を感動させる作品を生み出したいという意欲がある方。

［01］　社歌PVは構成、カメラ、モデル、モーション、エフェクトに至るすべてを自社で制作。

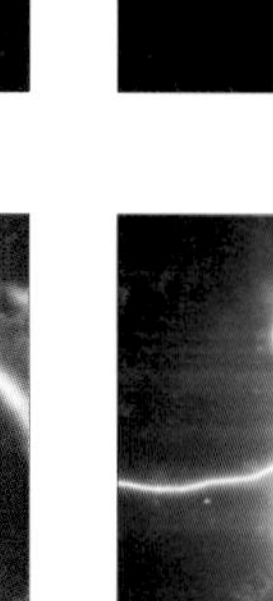

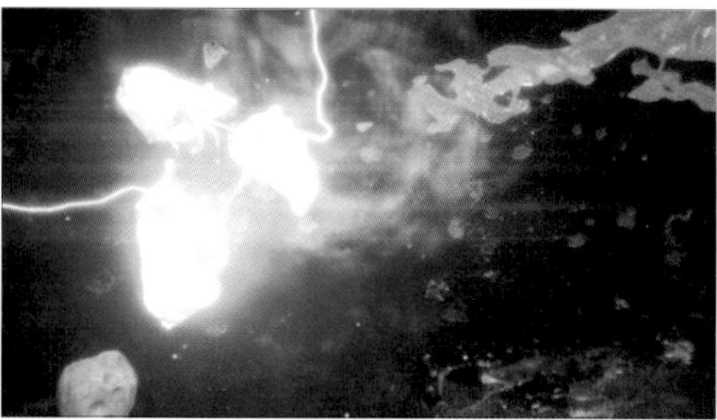

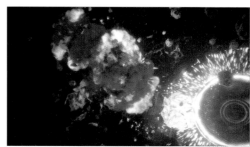

［01］　株式会社アグニ・フレア　社歌　PV　【炎と共に】（https://www.youtube.com/watch?v=bi-4LnqoYHg）

株式会社
サブリメイション

Sublimation Inc.

所在地	東京都国立市
設立	2011年7月
資本金	3,100万円
代表者名	須貝 真也
従業員数	133名(2024年)
URL	http://www.sublimation.co.jp/

【会社の特徴】
スタジオの強みとして“作画のアニメーション制作会社とずっと寄り添ってきた”という点がございます。こだわるところに関してはテイク数を重ねてとことん追求していく文化が社内に根付いています。

【募集職種】
CGIスタッフ
3DCGツールを利用したアニメーション制作業務(3Dレイアウト、モデリング、セットアップ、アニメーション、コンポジット、ルックデヴ)
配属に関しては面接時にご希望をお伺いしつつ社内決定いたします。

【求めるスキル】
- 2D / 3DCGツール、または手描きでのポートフォリオ、デモリール等の自主制作作品を応募時に提出できる
- 3Dツールの使用経験がある(ソフトの種類は問わない)

【求める人物像】
まずはアニメ業界に対する情熱がある方。様々な業務や作品に関わる機会がありますので、柔軟性があり学習意欲のある方は常に進化し続ける業界で活躍できると思います。
また、チーム制作なので協調性があり円滑な意思疎通が取れる方に来ていただきたいです。

本社国立スタジオ

[01] ©シキザクラ製作委員会

[01] シキザクラ(22年放送、各プラットフォームにて配信中)

[02] 鬼武者(Netflixにて世界独占配信中)

プロンプト：プラハの天文時計をイメージした腕時計、複雑な機構、背景はクラシックなデスク、3Dレンダリング

アドビが開発した画像生成AI

Firefly（ファイヤーフライ）はCGクリエイティブに活かせるか

よく耳にする「生成AI」ですが、CGクリエイターにとってはどのようなメリットがあるのでしょうか。本稿では画像生成AI「Adobe Firefly」をアドビが開発した目的と効果的な使い方について、アドビ株式会社の轟啓介氏と仲尾毅氏に語ってもらいました。

［Text］園田省吾（AIRE Design）

今さらながら、生成AIとは

AI（人工知能）という考え方自体は数十年前からありますが、この1〜2年で生成AIが脚光を浴び始めました。生成AIとは、テキストを入力する形で「AIにお願い（命令）」すると、蓄積された学習データから画像・文章・音楽・ソースコードなどを、新しく生成してくれるものです。この命令のことを「プロンプト」と言います。なお、生成AIへの入力は現時点でテキストが一般的ですが、画像や動画など様々なデータが考えられます。

Fireflyは、アドビが開発した生成AIです。Imageモデルでは、プロンプトを入力すると画像が生成されます。上図はプロンプトに「プラハの天文時計をイメージした腕時計、複雑な機構、背景はクラシックなデスク、3Dレンダリング」とテキストを入力し、［生成］ボタンをクリックしただけで作れました。

Fireflyは画像の他にデザインテンプレートを生成でき、今後は3Dや動画などの生成モデルも含まれる予定です。

Fireflyはクリエイターにとっての有能なアシスタント

Fireflyの特徴として、まず1つ目に挙げられるのは「アドビが作った生成AI」ということです。Firefly以外にも画像を作れる生成AIはいくつかあります。しかし、世の中の紙媒体、Web、動画をはじめとするデザインのほとんどは、アドビのツールで作られています。多くのクリエイターが、アドビのワークフローに慣れているのが現実です。

アドビとしては「Fireflyはクリエイティブワークを一緒に手伝ってくれるアシスタント」という位置づけで開発し、今までのワークフローを変えず、従来のツールと違和感なくFireflyを使うことで、クリエイティブ作業に集中してもらえるように考えています。

例えば、同じプロンプトを入力しても候補を4案(Photoshopなどでは3案)生成します。これは、クリエイティブワークにおいて、本命のアイデア以外に2〜3案くらいのパターンを作る作業に似ています。

クライアントから評価されたアイデアがあれば、それを元にして追加でまた2〜3案。そのようなやり取りをしながら理想のイメージに近づけるワークフローを再現していると言えます。

しかし、プロンプトは「プロンプトエンジニア」という専門の職種があるように、高度なテクニックが要求されます。プロンプトをゼロから習熟して「これからはFireflyを使います」と意識せずとも自然なワークフローで作れること、結果としてFireflyを使うことで時短になることが、アドビが目指す生成AIの形になります。

安心して商用利用できる理由

もうひとつの特徴は、「Fireflyは安心して商用利用ができる設計」になっているということです。先述のとおり、生成AIは蓄積された学習データを元に画像を生成します。では、学習データの著作権はどうなっているのでしょうか？　この疑問に対してもアドビが開発した生成AIという強みが活かされています。商用利用する上で著作権がクリアになっているAdobe Stockの画像がベースとなり、加えて「オープンライセンス」や「パブリックドメイン」といった、著作権に束縛されない画像も学習データに含めて、生成AIとしてのトレーニングが行われています。

そして、生成された画像の透明性も安心材料として挙げられます。何のソフトで作られ、何のソフトで編集されたかを追える仕組みが用意されているのです。これは「コンテンツクレデンシャル」という機能で、Fireflyで生成された画像には権利所在や編集履歴などの情報が埋め込まれます。

コンテンツクレデンシャル機能も、アドビが旗振り役として立ち上げた「コンテンツ認証イニシアチブ(CAI：Content Authenticity Initiative)」という、多様な業種の2,000社以上からなる取り組みの中から生まれたものです。料理に使われている食材が「誰がいつ作ったものか」を調べられ、安全に食べられるのと似たイメージです。

現状、Fireflyは3DCGや動画に対応していませんが、将来的にはすべてのコンテンツについてCAIの標準フォーマットに組み込むことをアドビは目指しています。

いよいよ、次のページからFireflyの使い方をご紹介しますが、その前に——。

同じプロンプトでも、必ず4案の画像が生成される

ここでクイズ！

どちらがFireflyで生成した画像？

A

B

正解は・・・

両方ともFireflyで生成した画像です！

縦横比
横 (4:3)
プロンプト　波がない湖、湖畔に立つ小さな白いコテージが水面に映る、遠くの山頂にはまだ雪が残っている、前景に春の花、きれいな写真で
［縦横比：横（4：3]）
スタイルなし

縦横比
横 (4:3)
水彩画
カラーとトーン
パステルカラー
プロンプト　波がない湖、湖畔に立つ小さな白いコテージが水面に映る、遠くの山頂にはまだ雪が残っている、前景に春の花、きれいな写真で
［縦横比：横（4：3]）
スタイル［効果：水彩画］［カラーとトーン：パステルカラー］

Fireflyを使ってみよう① 基本の使い方

プロンプトとスタイルで仕上げる方法

まずは前ページのクイズの答え合わせから。正解は両方ともFireflyで生成した画像です。このように、実際に撮った写真のような画像から、手で描いたような絵画風の画像まで自由に生成できます。

使い方は簡単。まずは、FireflyのWebサイト（https://firefly.adobe.com）にアクセスし、トップ画面上部のプロンプト入力エリアにテキストを入力して、［生成］ボタンをクリックするだけです。

最初、プロンプトをどのように入力すればいいか分からない場合は、［テキストから画像生成］というリンクをクリックします。すでに生成されたさまざまな作品が表示され、気になる作品をマウスオーバーするとプロンプトが表示されるので参考にしてみましょう。

下図の例では「デニムを着た柴犬、嬉しそうに笑っている、背景は幸せそうなイメージのリビング」というプロンプトを入力しました。シナリオを書くように具体的に説明するようなテキストがおすすめです。単語や文節ごとにスペースや読点を入れるとAIが判別しやすくなります。

［生成］ボタンをクリックすると画像が4案表示されます。この中に気に入った画像があれば、［似た画像生成］機能で気に入った画像に寄せた画像を3案追加できます。

画面右側ではスタイルを設定していきます。イメージどおりの画像が生成されたら画像を保存。ローカルにもダウンロードできますが、Creative Cloudユーザーならばライブラリ経由で保存可能なので、より便利かもしれません。保存した画像は、プロンプトで入力したテキストがファイル名となったJPEGで保存され、Photoshopなどを使って、さらに編集できます。

プロンプトの入れ方が分からなければ

ここに入力

❸ 4 案の画像が表示される
ここでは正面を向いた
この画像が気に入ったので
マウスオーバーして
［編集］メニューをクリック
縦横比を変える場合は
ここから選択

❹ 似た画像を生成する
［似た画像を生成］を選択

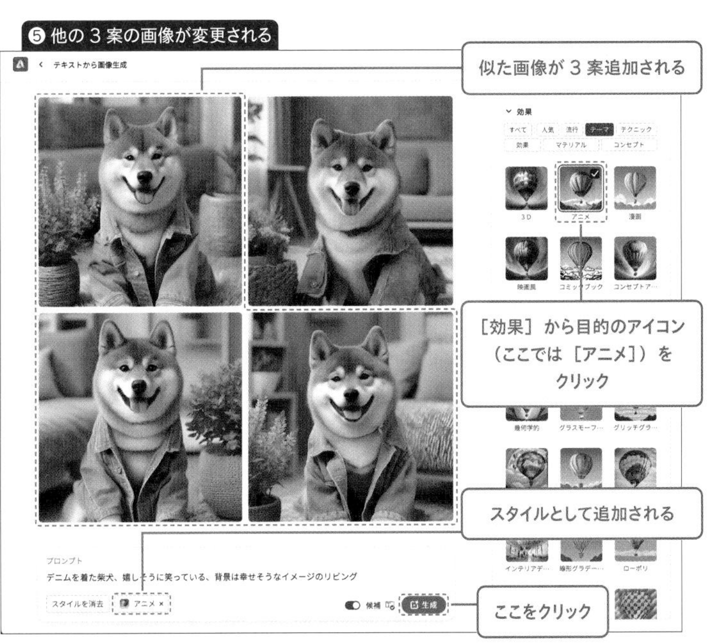
❺ 他の 3 案の画像が変更される
似た画像が 3 案追加される
［効果］から目的のアイコン
（ここでは［アニメ］）を
クリック
スタイルとして追加される
ここをクリック

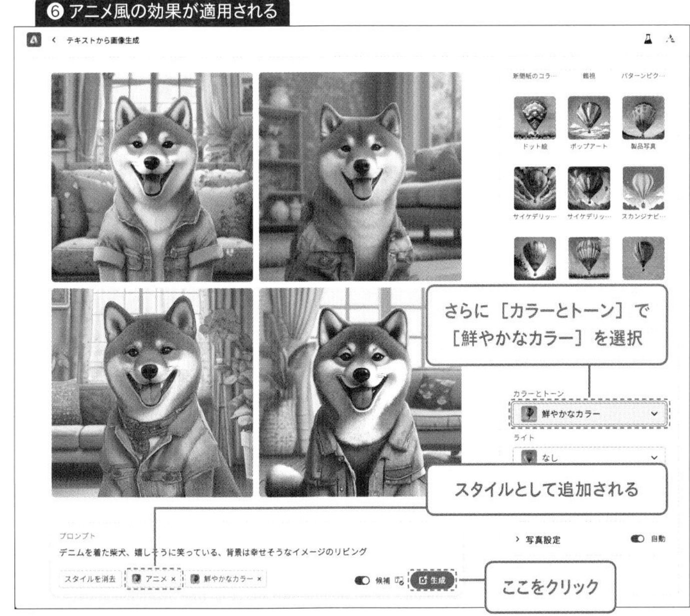
❻ アニメ風の効果が適用される
さらに［カラーとトーン］で
［鮮やかなカラー］を選択
スタイルとして追加される
ここをクリック

❼ 鮮やかなカラーが適用される
マウスオーバーして
ここをクリック
［ダウンロード］を
クリックするか
［ライブラリに保存］を
クリック
「AI の透明性の促進」
というメッセージが
表示されたら
［続行］をクリック

❽ Photoshop で開く
プロンプトをファイル名にした
JPEG 画像が保存される

Fireflyを使ってみよう② CG・映像制作で活かせるテクニック

参照画像で思い通りのタッチを再現

Fireflyは IllustratorやPhotoshopなど、現時点では静止画ツールメインの実装なのでCGや映像には無縁と思いがちです。しかし、現状の機能でも、特に映像制作に非常に役立つ使い方があるんです！　それが、参照画像機能。映像制作の画コンテを例に挙げて説明しましょう。

例えば、クライアントから動画の画コンテを「手描きのスケッチで」と、リクエストされたとします。「デジタルは得意だけど、手描きはちょっと……」という人もいるかもしれません。そのような時こそ、参照画像機能の出番です。

まずは、手描き画像のファイルを用意します。ここでは参照画像として、商用利用可能な画像をAdobe Stockで購入。

次に、画コンテのカットをFireflyで生成。例えば「ビジネスパーソン、商談成立、2人が向かい合って握手」というプロンプトを入力し、線画になるようにスタイルを設定して、画像を生成します。そして、参照画像として用意した手描き画像のファイルを［画像をアップロード］にドラッグ&ドロップ。

すると、「アップロードされた画像を確認中」というメッセージが表示されます。ここでコンテンツ認証情報が確認されます。その後、［生成］ボタンをクリックすると手描き風の画像が生成されます。

このように参照画像を使えば、手描き風以外のタッチでも思い通りに再現できます。

❶ 参照画像のファイルを用意

参照画像は著作権などがクリアなファイルを用意する

❷ 線画を生成し、参照画像を追加

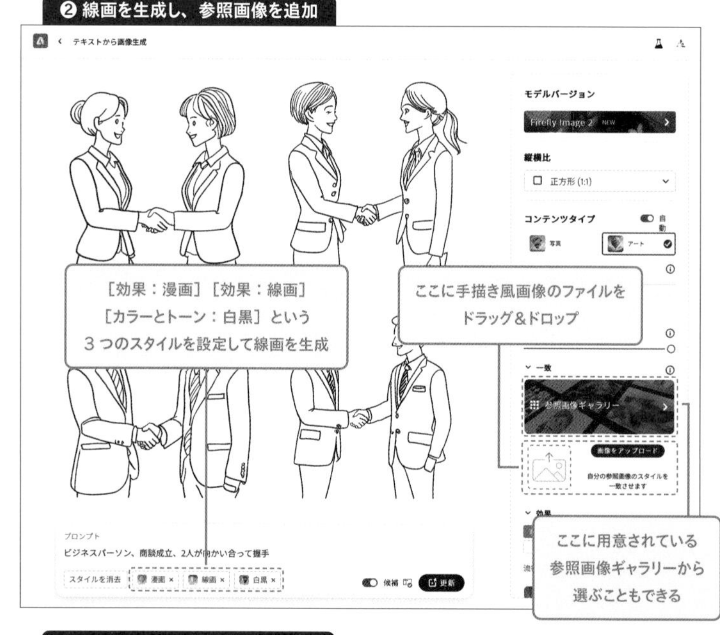

ここに用意されている参照画像ギャラリーから選ぶこともできる

❸ 参照画像が確認される

アップロードした参照画像が著作権などに問題がないか確認される

ここが［更新］から［生成］に変わったらクリック

❹ 手描き風の画像が生成される

ダブルクリックすると拡大して表示できる

アドビに聞いてきました

Fireflyへの疑問にお答えします！

Q1 使うにはいくらかかる？

Fireflyはインターネット接続すれば、無料で使うことができます。そして無料で生成した画像の商用利用も認められています。

Fireflyでは生成回数のことを「生成クレジット」と呼び、生成AI機能を1回使用するたびに1クレジットがカウントされます。108～109ページの例では3クレジット、左ページの例では2クレジットとなります。

無料で利用する場合、1カ月に使えるのは25クレジットです。そして、Firefly単体プランに申し込めば月額680円（年間契約ならば6,780円）で 100クレジット。Adobe CCのコンプリートプランを利用しているならば、1カ月に1,000クレジットを使えます。それぞれ毎月リセットされます。

1カ月の間に定められたクレジットを使い切ってしまうと、生成スピードが極端に遅くなってしまう場合があります。これは有償メンバーに適切なスピードで作業してもらうために優先順位が下げられるという仕組みになっているためです。

Q2 生成した画像の著作権は？

Fireflyで生成した画像の著作権は誰のものになるのでしょうか？　一般的な単語、例えば「黒い犬」のような短い言葉をプロンプトとして生成した画像に著作権は発生しないとされています。

ただし、オリジナリティのあるプロンプトで生成した画像の著作権は認められる可能性が高くなります。この場合、Fireflyを道具として使って作品を作ったという解釈になるためです。生成された画像はプロンプトがファイル名になりますが、プロンプトが重要になるため、もしもファイル名を変更する場合は、必ずメタデータなどにプロンプトを残しておきましょう。

Q3 やっぱり、プロンプトは難しい？

使ってみると感じるのですが、プロンプトを入力しても意図したとおりの画像が生成されないことがあります。これは日本語で入力したプロンプトをFireflyの中で英語に機械翻訳していることが原因かもしれません。

英語が得意な人ならば英語でプロンプトを入力するか、信頼できる翻訳システムがあれば、いったん英訳してからプロンプトを入力するのも手かもしれません。

そして、英語のみの機能になりますが、英語を入力すると「プロンプト候補」として続きのプロンプトを表示してくれます。検索システムのサジェスチョンのような形です。

ただ、日本語でプロンプトを入力することはデメリットばかりではありません。Fireflyは言語も自動判別しているため、日本語で入力すると日本人のモデルや日本の風景を優先的に生成してくれます。このような特徴を理解しておけば、プロンプトを使いこなせるようになるかもしれません。

Q3 今後のFireflyの展望は？

紹介した「テキストから画像生成」以外にもFireflyには「生成塗りつぶし」「テキスト効果」「生成再配色」「テキストからテンプレート生成（Adobe Expressで使用可能）」「テキストからベクター生成（Adobe Illustratorで使用可能）」という機能が用意されています。

残念ながら現時点で3DCGは生成できませんが、「3Dから画像生成」という機能はアナウンスされており、Adobe Substance 3Dをはじめとする3DCGソフトと連携できるようになる日も近いと思います。

生成AIの技術は、2023年10月に先行公開されたオブジェクト認識画像編集エンジン「Project Stardust」のようにオブジェクトをクリックするだけで移動や削除ができる魔法のようなツールにも導入されています。これからもアドビ製品全般に応用される予定です。

Fireflyで生成した画像の使用例。アドビのノベルティグッズとして作成された2024年の卓上カレンダー。

お話しいただいた方々

Fireflyならば
安心して利用できます。
思い切りクリエイティブに
活かしてください！

アドビ株式会社
UI/UX & Gen AI
marketing manager
轟 啓介 氏

Fireflyの進化は
私たちが想像する以上の
スピード感です。
今後もご期待ください！

アドビ株式会社
Creative Cloud
Evangelist
仲尾 毅 氏

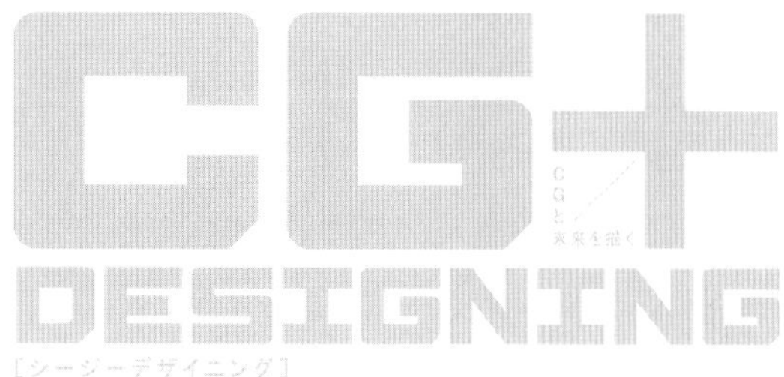

シージーデザイニング
CG+DESIGNING Vol.1

2024年2月29日	初版第1刷発行
発行者	角竹輝紀
発行・発売	株式会社マイナビ出版 〒101-0003 東京都千代田区一ツ橋2-6-3 一ツ橋ビル 2F TEL：0480-38-6872（注文専用ダイヤル） TEL：03-3556-2731（販売部） URL：https://book.mynavi.jp/
プロデューサー	岡 謙治
編集	CG+DESIGNING編集部、岩井浩之、小平淳一、園田省吾（AIRE Design）、 松田政紀（アート・サプライ）、平田順子、佐武洋介 TEL：03-3556-2734 メール：book_mook@mynavi.jp
撮影	守屋貴章、五味茂雄
メディア・コミュニケーション	小河原基、中島しおり、吉田直樹、冨永直仁、長津美香、田中健士郎、小木昌樹、高橋亜衣 TEL：03-3556-2732 メール：ad@mynavi.jp
アートディレクション	森本 茜（HONAGRAPHICS）
デザイン	森本 茜・古田 航（HONAGRAPHICS）
印刷・製本	株式会社大丸グラフィックス

ISBN978-4-8399-8602-5